Houri Ziaeepour

Recherche des mystères de l'Univers primordial et haute énergie

Houri Ziaeepour

Recherche des mystères de l'Univers primordial et haute énergie

Éditions universitaires européennes

Imprint
Any brand names and product names mentioned in this book are subject to trademark, brand or patent protection and are trademarks or registered trademarks of their respective holders. The use of brand names, product names, common names, trade names, product descriptions etc. even without a particular marking in this work is in no way to be construed to mean that such names may be regarded as unrestricted in respect of trademark and brand protection legislation and could thus be used by anyone.

Cover image: www.ingimage.com

Publisher:
Éditions universitaires européennes
is a trademark of
International Book Market Service Ltd., member of OmniScriptum Publishing Group
17 Meldrum Street, Beau Bassin 71504, Mauritius

Printed at: see last page
ISBN: 978-3-8416-7020-5

Zugl. / Agréé par: Paris, Université Paris Didérot (Paris 7), Diss. 2014

Copyright © Houri Ziaeepour
Copyright © 2015 International Book Market Service Ltd., member of OmniScriptum Publishing Group

Remerciment

Tout d'abord je voudrais remercier les membres du jury pour accepter de lire, évaluer, et juger ce mémoire. En particulier je remercie Jean Philippe Uzan qui a a déchiffé les réglements administratifs de H.D.R pour moi. Sans son aide ce projet n'a jamais commencé.

Mes sincères appréciations et gratiudes aux rapporteurs qui ont accepté d'accomplire cette tâche cruciale et laboreuse. J'ai bénificié du soutien continuel de Niel Gehrels et Dominik Schwarz depuis que j'ai l'honneur de collaborer avec eux. Je leur dois mes gratitudes les plus profondes. Le soutien et encouragement, et les commentaires constructifs de Daniel Steer ont eu un impâct significatif sur l'amélioration de ce mémoire.

Les travaux scientifiques résumés dans ce document ne pouvaient pas être accomplies sans les discussions stimulants et constructives, et les collaborations avec des nombraux collègues. Mes appréciations et remerciements vont à tous.

Enfin mais non des moindres, pendant mon carreer la confiance et la croyance de deux personnes, feu Philippe Meyer et Michel Crézé, étaient dcisifs pour mes réucites. Mes remerciements spéciaux et mes gratitudes vont à eux. J'espère que je valais leur confiance.

2

Table des Matières

1 **Résumé sur l'originalité des recherches**   5

2 **Exposé synthétique des recherches**   9
   2.1 Introduction 9
   2.2 Énergie sombre et théorie quantique de champs hors-équilibre 10
      2.2.1 Introduction aux modèles d'énergie sombre 11
      2.2.2 Énergie du vide 14
      2.2.3 Quintessence et énergie sombre interagissante 21
      2.2.4 Condensation d'un champ scalaire quantique comme l'origine de l'énergie sombre 31
      2.2.5 Paramètrisation et teste des modèles d'énergie sombre 47
      2.2.6 Une note sur la contre-réaction des perturbations comme l'origine de l'énergie sombre 63
      2.2.7 Conclusion 65
   2.3 Physics astroparticule de haute énergie 66
      2.3.1 Introduction 66
      2.3.2 Modèles de matière noire et origine des rayons cosmiques ultra énergétiques 67
      2.3.3 Modélisation et simulation des émissions prompte et contre-coup des sursauts gamma (GRBs) 76
      2.3.4 Applications aux GRBs 90
      2.3.5 Conclusion 91
   2.4 Modèles de Brane et gravité quantique 94

	2.4.1	Introduction	94
	2.4.2	Modèles à deux branes et nucléosynthèse primordial	96
	2.4.3	Propagation de particules dans le bulk	98
	2.4.4	QCD dans la géométrie de brane	102
	2.4.5	Mécanique quantique et gravité quantique	109
	2.4.6	Conclusion	113
2.5	Gestion de données et datamining	114
	2.5.1	Introduction	114
	2.5.2	Contribution à la conception et le dévelopment des relevés astronomiques	115
	2.5.3	Datamining	118
	2.5.4	Conclusion	121
2.6	Conclusion sur l'ensemble des activités de recherche	121

3 Perspectives 123

3.1	Physique astroparticule Fundamentale et gravité	123
	3.1.1 Énergie sombre	123
	3.1.2 Mécanique quantique et gravité quantique	125
	3.1.3 Matière noire	126
3.2	Astrophysique de haute énergie	126

4 Publications de l'auteurs 141

4.1	Article dans des revues internationales à comité de lecture	141
4.2	Actes de conférences nationales et internationales	144
4.3	Repports et notes internes	146
4.4	Communication orales	155
4.5	Posters	159

Chapitre 1

Résumé sur l'originalité des recherches

Après ma thèse de doctorat sur la phénoménologie de Chromo-Dynamique Quantique (Quantum Chromo-Dynamics (QCD)), mes thématiques de recherche se sont diversifiées vers la physique astroparticule théorique et phénoménologique, et la cosmologie. Plus spécifiquement, ils incluent les trois sujets suivants : *énergie noire, modèles de brane et gravité quantique, et rayons cosmiques de haute énergie et sursauts gamma*. À part des raisons coïncidentielles, des découvertes stupéfiantes dans ces domaines pendant plus ou moins les derniers 15 ans passés étaient ma motivation pour consacrer mes efforts sur leur modélisation et l'interprétation des observations reliées à ces phenomènes. J'ai été aussi impliquée dans la gestion de données et datamining de plusieurs projets astronomiques. Dans les paragraphes suivants je souligne les résultats de ces travaux. Dans ce mémoire [HZ-* #] se réfère aux articles et ouvrages cités dans la liste de mes publications.

Énergie sombre : Pendant l'étude des modèles top-down des rayons cosmiques ultra énergétiques [HZ-A 24, 10], j'ai constaté que les données de supernovae sont mieux ajusté analytiquement par un modèle de désintégration lente de la matière noire [HZ-A 25]. Ce travail est un des premiers articles qui ont constaté que le meilleur ajustement analytique des données de supernovae obtient une valeur légèrement inférieure de -1 pour l'équation d'état d'énergie sombre. Apparemment ceci viole le théorème d'énergie nulle. Néanmoins, dans [HZ-A 25] il est prouvé que l'énergie sombre peut être une constante cosmologique, et la déviation de l'équation d'état observée de la valeur attendue peut être due à la négligence de la désintégration ou l'interaction de matière noire. D'autre part, une constante cosmologique non zéro a des problèmes fondamentaux divers. Alors, il était naturel d'examiner si le transfert d'une petite fraction d'énergie d'une matière noire désintégrante ou interagissante à un champ scalaire léger peut se comporter semblable au champ de quintessence qui est un modèle alternatif pour expliquer l'expansion accélérante de l'Univers [HZ-A 22]. Cependat, Les modèle de quintessence à un champs ont besoin des potentiels polynômiaux ou exponentiels de puissance ou d'exposant négatif qui les rendre non renormalisables quand ils sont quantisés. J'ai démontré qu'en présence d'une interaction dans le secteur sombre, le potentiel des modèles de quintessence peut être un polynômial de puissance positive. À la suite de ces travaux, j'ai été invité à écrire un article de revue sur ce sujet pour un livre [HZ-A 10]. La quantisation des modèles de quintessence ou plus précisément la formation et l'évolution d'un condensé aux échelles cosmologiques comme un champ de quintessence dans le cadre de la théorie quantique des champs hors-équilibres est étudiée dans [HZ-A 6, 8]. Dans les modèles de quintessence la présence d'un condensé scalaire cosmologique est d'habitude assumée sans aucune preuve. Dans ce travail la condition pour la survie du condensé malgré l'expansion de l'Univers jusqu'à l'ère de domination de la matière est obtenue et un état cohérent généralisé est suggéré comme l'état quantique du condensé. De plus il est utilisé dans [HZ-A 3] pour définir un état du vide indépendant du repère, et plusieurs arguments sont évoqués en faveur d'un condensé au lieu d'une énergie du vide non zéro comme l'origine d'énergie sombre. Un autre résultat de ces arguments est le confinement du condensé de Higgs à l'échelle electrofaible. Cette réclamation devrait être mesurable dans un proche avenir. Quant à l'analyse des données cosmologiques et le test des modèles, j'ai proposé une technique non paramétrique pour détecter la déviation de l'équation effective d'état d'énergie sombre d'un état de constante cosmologique utilisant des données de supernovae [HZ-A 13, HZ-A 7]. De plus, dans [HZ-A 4] j'ai examiné en détail plusieurs méthodes pour distinguer entre les modèles d'énergie sombre et à cette fin j'ai proposé une nouvelle paramétrisation des observables.

Physique astroparticule de haute énergie Mon premier projet de recherche indépendant après l'obtention de mon doctorat était l'étude de dissipation d'énergie des particules stables du Modèle Standard (MS) aux hautes énergies dans le milieu cosmologique et l'estimation du leur flux sur Terre dans le cadre des modèles top-down des Rayons Cosmiques Ultra Énergétique (RCUE) [HZ-A 10, 24, 26, 25]. Ce travail a fourni des limites réalistes pour la durée de vie d'une matière noire superlourde meta-stable comme l'origine des RCUE. De plus, depuis le lancement du satellite Swift j'ai été impliqué dans la recherche sur la physique des sursauts gamma (GRB), et comme une membre de l'équipe scientifique du Swift, participé dans son opération comme un *Burst Advocate*. Par ailleurs, j'ai travaillé sur la théorie des mécanismes d'émission GRB [HZ-A 8], leurs simulations [HZ-A 5, 9] et l'analyse de données et l'interprétation de plusieurs GRBS intéressants [HZ-A 10, 13, 14, 18]. Ces travaux ont été partiellement soutenus par une subvention attribuée par *The Nuffield Trust, UK* à mon étudiant Brian Gardner pour travailler sur ce projet.

Les simulations effectuées dans le cadre de cette recherche reproduisent beaucoup des caractéristiques observées des courbes de lumières et les spectres des GRB, en particulier aux hautes énergies. J'ai aussi suggérée une explication pour l'émission de haute énergie retardée, observée par le satellite Fermi, comme l'émission des électrons pris au piège dans la structure électromagnétique du choc.

Modèles de brane, gravité quantique et mécanique quantique : Pendant la décennie dernière les modèle de brane ont été le centre de grand intérêt et j'ai aussi contribué quelques papiers à ces recherches. Mon but principal dans l'étude des modèles de brane était de vérifier leur fiabilité avec des observables disponibles. J'ai étendu la technique de *Color Glass Condensate (CGC)* pour étudier les processus du QCD à hautes énergies à la géométrie des branes, et déterminé la distribution des particules éjectées dans le bulk de l'extra-dimension [HZ-A 20]. De plus, j'ai étudié la phénoménologie de quelques modèles de brane et déterminé la gamme des paramètres tel que le problème de hiérarchie peut être résolu. Par outre, des paramètres cosmologiques, comme la fraction des nombres des baryons et des photons, et le nombre effectif des neutrinos légers dans ces modèles ont été déterminés et comparé avec les observations [HZ-C 16, 14]. Ces travaux mettent des contraintes très rigoureuses sur ces modèles de brane et excluent beaucoup des cas intéressants et une grande partie de leur espace des paramètres à moins que l'échelle fondamentale de gravité soit beaucoup plus grande que l'énergie des RCUE. De plus, ils prouvent que la croyance populaire d'inaccessibilité de ces échelles à RCUE n'est pas correcte, et en raison de la non localité de mécanique quantique, la physique de haute énergie affecte des processus à basse énergie. Quant à la gravité quantique, dans une recherche que ses résultats préliminaires sont publié dans [HZ-A 7] j'ai discuté la possibilité d'une relation intrinsèque entre l'universalité de quantisation et de gravité. Motivé par cette hypothèse, un modèle simple consistant en une mécanique quantique légèrement modifiée qui inclut une échelle massive est proposé et étudié. On le montre que des termes supplémentaires, dus à la modification de la relation d'incertitude de Heisenberg, ressemblent à une interaction gravitationnelle entre deux particules, ainsi le modèle peut indiquer l'apparition de la gravité des lois intrinsèquement quantiques.

Gestion de données et datamining : J'ai été impliqué dans plusieurs projets de gestion et de datamining des données astronomiques, notamment dans le développement et la mise en œuvre des outils de datamining pour l'archives ALADIN des images astronomiques numériques [Bonnarel, *et al.*(HZ-C 27, 19), Bartlett, *et al.*(HZ-C 25)], pour les archives des données scientifiques des télescopes VLT eet NTT [Albrecht, *et al.*, HZ-C 20, 21] et pour la base de données du projet XMMSSC-XID [Rosen & Ziaeepour, HZ-C 13]. De plus, j'ai étudié des méthodes statistiques pour la classification automatique des sources du rayon X [HZ-A 23, 16, HZ-C 160].

Chapitre 1. Résumé sur l'originalité des recherches

D'autre part, j'ai contribué à la préparation et la vérification de qualité du catalogue des sources UV du télescope XMM-OM du satellite XMM-NEWTON. J'ai été aussi impliqué dans la préparation du projet HETDEX pour l'observation et la mesure d'énergie sombre par le développement des logiciels pour l'optimisation des champs à observer. En plus, j'ai contribué dans la mise en œuvre de la procédure de calibration photométrique pour les guides du spectromètre VIRUS [Hill, et al., HZ-C 3].

Dans le chapitre suivant je passe en revue ces travaux.

Chapitre 2

Exposé synthétique des recherches

2.1 Introduction

Après l'obtention de mon doctorat j'ai travaillé pendant quelques années dans l'industrie dans le domaine de recherche et développement comme une physicienne jusqu'au moment où j'ai eu une nouvelle opportunité de rejoindre un institut de recherche. Pendant cette période en parallèle avec mes devoirs profissionnels j'ai essayé de préservé le niveau de mes connaissances et être au courant des progrès de la physique de particules théorique et phénoménologique, notamment dans les domaines de la théorie des cordes, rayons cosmiques [HZ-R 161], la cosmologie, et la phénoménologie de QCD qui était le sujet de ma thèse de doctorat.

Mon premier nomination après mon *come back* dans les milieux de recherche était à l'Observatoire de Strasbourg où j'ai eu l'occasion d'être en contact avec des astronomes et des cosmologistes et améliorer et consolider mes connaissance sur ces domaines. En particulier, en raison de ma formation en physique de particules, j'ai pris spécialement intérêt à la physique astroparticule qu'à l'époque était relativement un nouveau domaine de recherche qui rapidement devenait le sujet d'intérêt tant pour les physiciens de particules que pour les astronomes. Les raisons de telles excitations étaient la découverte des neutrinos provenants de la supernova SN 1987a [24], la détection de la douche arérienne du rayon cosmique la plus énergique jamais observé [25], la détection des anisotropies dans le fond micro-ondes cosmique (CMB) [26, 27] qui a permit de tester les modèles d'inflation et la réionisation de l'Univers par des étoiles et des quasars après l'âge sombre (dark age) qui a suivi le découplage et la dispersion des photons primordiaux du fond cosmique [28], la confirmation de la présence d'une matière noire non baryonique par le CMB, les relevés à grande surface des galaxies [29, 30] et l'émission du rayon X des amas de galaxies [31]. Plus tard, la découverte d'un nouveau composant dans l'Univers, généralement appelée l'énergie sombre, et le lancement des satellites Swift et Fermi qui permettent l'observation rapide et haute résolution des événements transitoires de haute énergie et des sources cosmologiques stationnaires ont dirigé ma recherche dans leur direction.

À ces découvertes observationnelles il faut ajouter les progrès théoriques en compréhension de l'inflation et du réchauffement/préchauffement [32] et d'autres phénomènes de physique de particules de haute énergie comme le baryo/lepto-genesis [33] dans l'Univers primordial, les implications cosmologiques des modèles de brane inspirés par la théorie des cordes, et le développement d'un grand nombre de modèles pour l'énergie sombre et matière noire, en particulier après la confirmation observationnelle de leur existence et leur dominance dans l'Univers. En tant qu'une théoricienne, ma contribution dans la recherche en physique astroparticule est plutôt sur ses aspects théoriques que des sujets observationnelles. Néanmoins, l'observabilité et les prédictions pour les observations ont été toujours une préoccupation et une partie intégrale de ma recherche.

Dans ce chapitre, je passe en revue ma contribution dans les domaines mentionnés et brièvement explique leurs résultats. J'insiste plutôt sur la description des concepts et des résultats sans aller dans les détails techniques. En raison du développent très rapide de ces domaines, pour mettre mes travaux dans le contexte de la recherche de pointe à l'époque où ils ont été effectués, dans chaque section une revue historique brève du sujet est présentée. L'ordre des sections présente grossièrement leur contribution dans la totalité de mes travaux de recherche. La présentation de mes contributions dans chaque sujet est plutôt contextuelle que chronologique. L'appui est mis sur les sujets qui constituent mes intérêts de recherche actuels et mes projets pour l'avenir proche.

2.2 Énergie sombre et théorie quantique de champs hors-équilibre

Je commence la description de mes travaux avec l'énergie sombre qui est actuellement mon sujet de recherche principal. De plus, à présent il est un des plus grands défis de la physique fondamentale, et dans les 15 anées précédantes a été étudié par un grand nombre d'observateurs et de théoriciens tant cosmologistes que physiciens des particules. À présent plusieurs projets internationaux d'observation sont en préparation visant des meilleures mesures des propriétés de l'énergie sombre en particulier et d'autres paramètres cosmologiques en général. Ces connaissances approfondies devraient aider à tester avec plus de précision et certitude les divers modèles cosmologiques et d'énergie sombre.

2.2.1 Introduction aux modèles d'énergie sombre

La découverte d'énergie noire est un des plus fascinants et incroyables événements dans l'histoire de la science. En 1917 Albert Einstein a ajouté une constante arbitraire Λ appelé **la Constante Cosmologique** à son équation pour obtenir une solution statique pour un univers homogène [34]. En 1924 A. Friedman [35] a prouvé que les solutions statiques de l'éqution d'Eintein sont instables et la moindre fluctuation de la densité de matière les mène à l'écroulement ou à l'expansion éternelle. Le même résultat était obtenu par G. Lemaître [36] qui a expliqué le décalage vers le rouge du spectre des galaxies lointaines nouvellement découvert par V. Slipher et E. Hubble [38], comme l'expansion de l'Univers et en accord avec la prédiction de Friedman et son propre calcul du taux d'expansion - la constante H_0. De plus, en 1917 W. De Sitter [37] a démontré que même en absence de matière quand $\Lambda \neq 0$, l'Univers s'étend si $\Lambda > 0$ ou s'écroule si $\Lambda < 0$. Ceci est en contradiction avec la théorie de la gravité d'Einstein qui associe la courbure de l'espace-temps à la présence de matière. Apparemment au début des années 1920 Einstein regrette l'addition de la Constante Cosmologique à son célèbre équation. Néanmoins, dans une lettre à lui, Lemaître considéra cette idée géniale et l'interpréta comme **la densité de l'énergie du vide** [39]. Depuis l'introduction de cette interprétation, nous nous débattons pour comprendre ce qui signifie le concept contre intuitif d'un vide qui porte de l'énergie et quelle est sa valeur exacte.

Pendant environ 70 ans, selon le goût des auteurs, une constante cosmologique a été ajouté ou ignorée de l'équation d'Einstein. Par exemple, dans l'introduction du célèbre livre *Gravitation* écrit au début des années 1970 par C.W. Misner, K.S. Thorne et J.A. Wheeler, les auteurs comparent la Constante Cosmologique avec la boîte de Pandor et disent que malgré son inutilité, les gens continuent à la considérer. Ils négligent principalement ce terme dans leur livre sauf dans quelques endroits. Alors, c'était une grande surprise quand au milieu des années 1990 les mesures précises des paramètres cosmologiques en utilisant les données d'anisotropies du fond cosmique micro-ondes (CMB) [26, 27] et les structures à grandes échelles de l'Univers [29], et les mesures directes de H_0 par utilisation des étoiles variables Cepheids [40] ont démontré que l'Univers est plat, mais il n'y a pas assez de matière pour expliquer son taux d'expansion qui est trop grand pour un Univers dominé par la matière. Un tel modèle mène à un univers plus jeune que certains des vieux amas globulaires dans le halo de la galaxie Voie lactée, et des vieilles galaxies elliptiques [41]. En 1998-1999 les observations des supernovae type Ia a démontré que l'expansion de l'Univers s'accélère. Un tel état peut exister seulement si une constante cosmologique ou quelque chose qui se comporte très semblable, au moins depuis $z \sim 0.5$ c'est-à-dire environ la moitié de l'âge de l'Univers quand sa densité d'énergie est devenue dominante. Alors, l'entité qui était introduit à la main dans le modèle et qui manquait son but initial, est trouvé d'être le constituant dominant de l'Univers aujourd'hui !

Même avant la confirmation de la présence d'une constante cosmologiques ou bien quelque chose qui l'immites de très proche, les chercheurs avaient considéré les questions qui s'imposent à notre compréhension de physique fondamentale et la cosmologie si un tel entité existe [3]. Je discuterai ces questions en détail dans la sous-section suivante. Ici, je passe brièvement en revue les modèles alternatifs qui sont suggérés pour l'origine de l'expansion d'accélérante de l'Univers. Ils sont récapitulés dans la figure 2.1. Les modèles de quintessence sont basé sur un champ scalaire qui dans la proposition originale s'interagisse seulement avec lui-même. Pour les potentiels du type polynôme d'ordre négatif ou des potentiels exponentiels avec l'exposant négatif une classe de solutions appelées *tracking* existent, et elles approchent asymptotiquement à une valeur petite mais non zéro du potentiel. L'équation d'état d'énergie sombre est paramétrisé par $P = w\rho$ où P et ρ sont respectivement la pression et la densité. Dans la forme générique des modèles de quintessence $w \geqslant -1$. Cependant, l'évaluation des paramètres cosmologiques par l'utilisation de la combinaison des données de supernovae, LSS et CMB semble préférer $w \lesssim -1$. C'est pourquoi, divers extensions des modèles de quintessence purs sont proposés. Ils ont soit un terme cinématique non standard dans leur Lagrangien ou une interaction avec d'autres entités, en particulier avec la matière noire ou les neutrinos.

L'inclusion de la Constante Cosmologique dans le côté géométrique de l'équation d'Einstein conceptuellement l'associe à la gravité. Donc, l'alternatif à une constante cosmologique peut être une modification de la gravité d'Einstein aux échelles cosmologique. Cette idée est favorisée par beaucoup d'auteurs qui considèrent tant une constante cosmologique qu'un modèle de quintessence superficiels. Elle est aussi soutenue par l'histoire. La gravité d'Einstein a été présentée après la découverte des déviations des observations de la gravité Newtonienne. Une autre raison est le fait que la dépendance au courbure dans l'équation d'Einstein est minimale, et les modèles aux ordres supérieurs comme par exemple le modèle Gauss-Bonnet et des modèles scalaire-tenseur ont été proposés des décennies avant la découverte d'énergie sombre. D'autre part, les modèles inspirés par la théorie des cordes et les branes ont encouragé l'idée de modification de la gravité d'Einstein. Notamment, dans les modèles de brane ces modifications peuvent être aux échelles cosmologiques. Le modèle le plus célèbre dans cette catégorie est DGP qui associe l'énergie sombre aux termes incité par les conditions de borne imposées à l'espace-temps 4D du brane visible d'un espace-temps 5D, *le bulk*, dans lequel la gravité peut se propager mais pas d'autres champs vivant sur la brane.

Les deux autres ensembles des modèles présentés dans la figure 2.1 sont plus récents et ont moins de partisans et par conséquent sont moins étudiés. Des modèles holographiques sont basés sur la limite de Bekenstein sur la quantité maximale d'entropie dans un volume fermé et le principe holographique. La valeur très grande de

2.2. Énergie sombre et théorie quantique de champs hors-équilibre 13

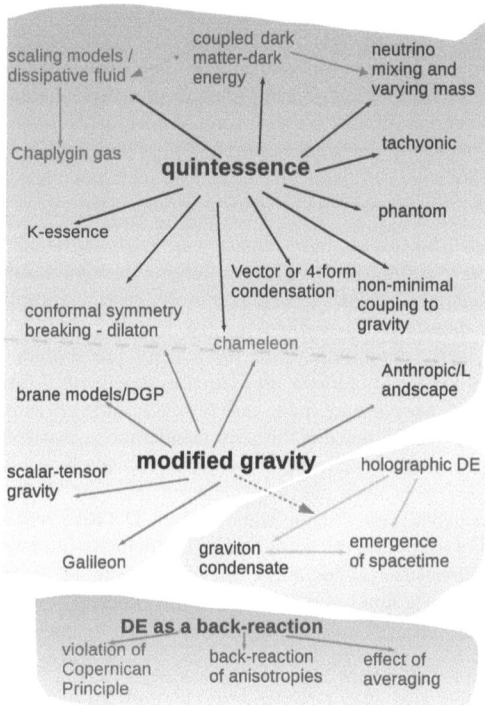

FIGURE 2.1 – Les modèles alternatifs d'énergie sombre. Les deux catégories principales sont la quintessence et la gravité modifiée. Les modèles liés sont marqués par les flèches. Leurs différences sont dans les détails d'interaction, le potentiel, des symétries, etc. On peut considérer certains de ces modèles plutôt comme des formulations alternatives que des modèles fondamentalement différents. Par exemple, un liquide dissipatif est semblable à un modèle quintessence interagissant formulé par un champ scalaire. La ligne tiret entre la quintessence et des modèles de gravité modifiés indique le fait que dans beaucoup de cas les deux modèles sont formulés par un champ scalaire et la distinction entre eux a besoin de plus de critères, voir aussi la section 2.2.3 pour plus de details. Il faut noter que les modèles dans ces catégories peuvent être traités classiquement ou bien come des modèles quantiques. Il y a aussi deux autres groupes des modèles plus restreints : les modèles holographiques qui utilisent le principe de holographie dans le contexte de cosmologies semi-classiques, et un dernier groupe de modèles dans lesquels l'énergie sombre est considéré d'être due à un effet induit par l'intégration des fluctuations ou la négligence en des ordres supérieurs des anisotropies. La couleur des polices de caractères schématiquement présente la similarité des modèles.

l'entropie de l'Univers apparemment viole ce principe. Pour résoudre cette contradiction [42] les modèles holographiques d'énergie sombre considèrent une relation entre les cutoffs UV et IR nécessaires pour déterminer la densité d'énergie du vide. Elle rend la densité d'énergie du vide à une constante comparable avec l'énergie sombre observée. Cette solution apparemment simple a plusieurs problèmes, notamment la relation entre les échelles est arbitraire et elle ne peut pas fournir $w \lesssim -1$ parce qu'elle aura besoin d'une entropie ou température négative.

Quant à l'effet des anisotropies, la réclamation est basée sur le fait que nous vivons dans un univers anisotropique et que l'on détermine les composants homogènes des quantités cosmologiques comme la valeur actuelle de la constante de Hubble H_0 et la fraction de densité de la matière Ω_m par le calcul de leur valeur moyenne. Cette procédure incite une erreur, car nous n'avons pas d'accès à la totalités de l'Universe. La justesse de l'argument est évidente, cependant il est à savoir si cette erreur peut-elle être assez grande pour inciter une grande *énergie sombre effective* qui à présent a une densité presque 2.5 plus grande que la matière qui la produise. Certains des partisans d'une telle explication pensent que les modes superhorizon, c.à.d des modes qu'après avoir quittées l'horizon pendant l'inflation ne sont pas encore entrées, peuvent causer de si grands effets. D'autres partisans croient que l'effet de LSS, c.à.d les modes qui sont déjà à l'intérieur du horizon est dominant et peut expliquer l'observation d'une apparente énergie sombre. Dans la section 2.2.6 je récapitule un commentaire que j'ai écrite sur ces modèles. Finalement, le dernier modèle dans cette catégorie suggère que nous vivons dans une région de l'Univers sous-dense.

Dans les sous-sections suivantes je décris mes contributions dans l'étude des modèles d'énergie sombre et leur discrimination.

2.2.2 Énergie du vide

Introduction

Si l'énergie sombre est **la densité d'énergie du vide** comme Lemaître la suggéré, nous devons trouver une définition précise pour ce que nous appelons *le vide*. La significations de ce mot dans les dictionnaires est *vacant, inoccupé*. Or, dans la théorie quantique des champs un état vide est plus subtil. Par exemple, le minimum du potentiel d'un champ - son état fondamental - est aussi appelé *le vide*. Pour un champ libre l'état du vide $|0\rangle$ est défini par :

$$a_\alpha |0\rangle = 0, \quad \forall \alpha \quad (2.1)$$

où a est l'opérateur d'annihilation du mode α. Considérons $\alpha = k$ (l'impulsion), la densité d'énergie est le composant T^{00} du tenseur d'énergie-impulsion $T^{\mu\nu}$, et peut

2.2. Énergie sombre et théorie quantique de champs hors-équilibre 15

être décrit en fonction des modes :

$$\langle 0|\hat{T}^{00}|0\rangle = \langle 0|\frac{1}{(2\pi)^3}\int d^3k\ u_k u_k^* \omega_k (a_k a_k^\dagger + a_k^\dagger a_k)|0\rangle = \frac{1}{(2\pi)^3}\int d^3k\ \omega_k \to (2.2)$$

$$\omega_k = \sqrt{\vec{k}^2 + m^2} \qquad [a_k, a_{k'}^\dagger] = \delta_{kk'} \tag{2.3}$$

où u_k et u_k^* sont les solutions de l'équation du champ pour l'ensemble des paramètres $\{\alpha\} = k$ dans un espace-temps arbitraire. Pour les champs fermioniques la relation de commutation dans (2.3) est remplacée par une anticommutation. Parce que dans l'espace de Minkowski il y a un vecteur de Killing pour la totalité d'espace-temps, $\alpha = k$ et des fonctions conjuguées u_k et u_k^* sont les solutions indépendantes de l'équation dynamique. Ainsi, il n'y a aucune ambiguïté dans la définition des particules et des anti-particules et une définition du vide *adiabatique* existe. Dans les espaces courbés comme FLRW et De Sitter, il n'y a pas d'état du vide unique [44] et des vides divers correspondent au vide adiabatique dans des repères se déplaçant l'un par rapport aux autres, en général avec des vitesses variantes. Ces vides sont reliés entre eux par des transformations de Bogolubov et ils dépendent du repère [45].

La singularité de (2.2) est due à l'ambiguïté des opérateurs ϕ^2 et $(\partial^0\phi)^2$ dans $\hat{T}^{00} = 1/2\partial^0\phi\partial^0\phi + 1/2m^2\phi^2$ où ϕ est le champ quantique [45]. Application d'un opérateur de l'ordre :

$$\phi^2(x) \to\ :\phi^2(x):\ \equiv \lim_{y\to x}\left\{\phi(x)\phi(y) - \langle 0|\phi(x)\phi(y)|0\rangle\right\} \tag{2.4}$$

(et le même pour le terme du dérivé) ou bien une autre procédure de régularisation rend l'énergie du vide au zéro. Cependant, au contraire des espaces plats, dans les espaces-temps courbés le point zéro d'énergie n'est pas arbitraire. Alors, la régularisation du tenseur d'énergie-impulsion est considérée comme une opération ad hoc [46].

Dans un travail récent [HZ-A 3] j'ai proposé des nouvelles interprétations pour l'ambiguïté de la définition du vide et la singularité décrite ci-dessus, et j'ai suggéré une nouvelle définition qui est indépendante du repère. Ce travail est résumé ci-dessous.

Nouvelles interprétations

Pour mieux comprendre la signification physique de la régularisation, on considère l'opérateur $a_k a_k^\dagger + a_k^\dagger a_k$ dans (2.2). Le deuxième terme est l'opérateur de nombre $\hat{N}_k$ et par définition $\hat{N}_\mathbf{k}|\mathbf{0}\rangle = \mathbf{0}|\mathbf{0}\rangle\ \forall\ \mathbf{k}$. Donc, son application ne change pas l'état quantique. De plus, au point de vue opérationnelle, il est bien défini. On peut considérer son application comme la création d'une particule dans le mode k et son annihilation immédiate. Dans une vue classique ces opérations sont opposées et ne modifient pas l'espace si le retard entre les opérations est négligeable. Le premier terme est $\hat{N}_k+1$ et sa partie constante laisse un vestige en énergie qui est l'origine de la singularité de (2.2). Ceci peut être interprété comme une erreur suscitée d'utilisation de l'expression classique de $T^{\mu\nu}$, qui comme on l'a expliqué ci-dessus, dans un contexte quantique n'est pas bien défini. Dans ce cas l'application de l'opérateur de l'ordre ou d'autres procédures de régularisation semble légitime quel que soit la géométrie d'espace-temps.

Quant à la description opérationnelle de la mesure d'énergie, l'application de $a_{\vec{k}}^{\dagger}$ crée une particule avec une impulsion $\vec{k}$. Or, si nous connaissons exactement l'impulsion de la particule, toutes informations sur sa position seraient perdues. Donc, un observateur qui veut appliquer l'opérateur d'annihilation doit d'abord, d'une façon ou d'une autre, localiser la particule, autrement la probabilité de l'annihilation devient négligeablement petite. Une telle opération ne serait pas possible sans briser la symétrie de translation de l'espace-temps, par exemple en imposant des frontières à distance $L \sim 1/k$ qui incite une énergie de Casimir proportionnelle à $1/L \sim k$. Ceci deviendra infini pour $k \longrightarrow \infty$. Cette description montre que contrairement de certaines suggestions [3] l'origine d'énergie de Casimir [48, 49] n'est pas le vide, mais l'énergie qui est nécessaire pour briser la symétrie. La figure 2.2 montre une description schématique de ces opérations.

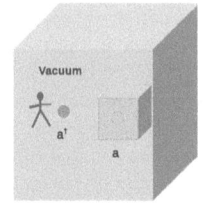

FIGURE 2.2 – Une description schématique du confinement d'une particule nouvellement créée avant son annihilation. Le point (orange) présente la particule créée par l'opérateur $a^{\dagger}$ et le cercle (tiret) présentent son annihilation par a après son confinement dans le volume bleu qui incite un effet de Casimir.

Nous pouvons aussi interpréter le vestige d'énergie d'un point de vue purement mécanique quantique. Le champ quantique peut être décomposé en $\phi(\vec{x},t) = \sum_{\{\alpha\}} u_{\{\alpha\}}(\vec{x},t) a_{\{\alpha\}} + u^*_{\{\alpha\}}(\vec{x},t) a^{\dagger}_{\{\alpha\}} = U(\vec{x},t) + U^{\dagger}(\vec{x},t)$. Donc, $\hat{T}^{00}(\vec{x},t) \propto (\dot{U}U^{\dagger} + \dot{U}^{\dagger}U)(\vec{x},t)$. Les opérateurs U et $U^{\dagger}$ présentent l'annihilation et la création d'une particule à impulsion quelconque au position spatio-temporel $(\vec{x},t)$. Parce que la position de la particule créée est connue exactement, aucune information sur son impulsion peut être obtenir et n'importe quelle valeur, y comprise l'infini, est admise. Ces arguments sont dans les mêmes esprits que ceux donnés par Eppley & Hannah [47] et dans [HZ-A 7] pour prouver la contradiction d'une gravité classique avec une matière quantique. La régularisation des intégrales dans (2.2) en imposant un cutoff sur l'énergie maximale est équivalente à un incertitude de la position. Il présente l'échelle d'énergie la plus haute ou bien les distances les plus petites dans lesquelles l'observateur peut vérifier la présence d'un vide et fournit une limite supérieure sur la densité d'énergie du vide. Voir l'image

2.2. Énergie sombre et théorie quantique de champs hors-équilibre

2.3 pour une description schématique.

Contribution des particules virtuelles et des condensés du Modèle Standard dans l'énergie sombre

Quand on considère les interactions, le vide de la théorie quantique des champs est très loin d'être un espace vacant, car les fluctuations quantiques peuvent se manifester ou même se condenser [50]. C'est un sujet de débat si de tels cas devraient être appelés un *vide* ou non. Cependant il est claire que nous ne pouvons pas séparer l'espace-temps de son contenu de champs quantiques. Pour cette raison il est suggéré que ces condensés contribuent dans l'énergie du vide et ainsi à l'énergie sombre [3, 51, 52]. Même en absence des condensés, les corrections radiatives et la dépendance de masses et de couplages des champs à l'échelle d'énergie sont suggérés comme évidence pour l'interaction des gravitons avec les particules virtuelles [51, 52] qui incite une interaction de

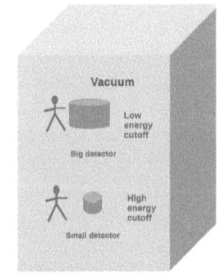

FIGURE 2.3 – Description schématique d'application d'un cutoff UV d'énergie.

gravitation avec le vide. Dans ce cas la densité d'énergie sombre devrait être beaucoup plus grande que ce qui est observée. Ainsi, selon ces arguments la présence d'une petite énergie sombre défie la validité de la théorie quantique des champs. Néanmoins, il y a plusieurs évidences observationnelles contre cette critique qui sont discutées en détail dans [HZ-A 3]. Ici je les résume brièvement.

Après la renormalisation, la contribution des particules virtuelles est inclue dans la masse et les couplages des particules élémentaires n'influencent pas de grandes échelles. De plus, la procédure de renormalisation est basée sur la redéfinition et l'élimination des quantités infinies qui semblablent à l'integrals dans (2.2). Du fait qu'après cette opération apparemment ad hoc nous obtenons les relations qui sont confirmées par des expériences, prouve que ces calculs sont après tout significatifs, voir [HZ-A 3] pour les évidences supplémentaires. Une autre indication contre l'interaction gravitationnelles des particules libres et le vide est les contraintes rigoureuses de la dépendance en énergie de la relation de dispersion des particules énergétiques pendant leur propagation sur des distances cosmologiques [55]. Ceci et d'autres observations imposent des forts contraints sur des corrections dues à la gravité quantique aux échelles beaucoup plus grand que l'échelle de Planck. Également, ils contraignent la suggestion récente de la condensation des gravitons comme l'origine d'énergie sombre [56] car l'état quantique d'un tel condensé inciterait des fluctuations dans la propagation des photons proportionnelles à leur énergie. Mais un tel effet n'est pas observé. Par contre, il n'y a pas de contraint sur le condensé d'un champ qui n'interagissent pas avec des particules visibles.

Chapitre 2. Exposé synthétique des recherches

Quant à l'effet des condensés du Modèle Standard, le plus important entre eux est celui du Higgs nouvellement découvert [57], avec une valeur d'espérance (vev) de ~ 246 GeV. Il est supposé produire la masse pour les particules du Modèles Standard et déclencher la brisure de la symétrie $SU(2) \times U(1)$ à une échelle $\gtrsim 1 TeV$. Les conditions pour la formation d'un Condensé de Bose-Einstein (BEC) dans un fluide quantique sont étudiées dans [58]. Ils exigent une distribution spatiale uniforme du champ. Dans la théorie classique des fluides et la théorie quantique des champs l'amplitude des anisotropies d'un condensé diminue très rapidement pour les grands modes. Ceci est l'analogue à la condition de volume infinie pour la brisure des symétries dans la physique statistique [58]. Néanmoins, en présence des causes supplémentaires, par exemple une interaction [59] [HZ-A 6], les fonctions d'ondes des particules et leur condensés sont limité aux distances courtes. Alors, le condensé du Higgs qui est couplé aux autres particules est limité aux distances courtes. De plus, le confinement de quarks par QCD aide à limiter le condensé du Higgs aux échelles de distance beaucoup plus grande. Alors, le condensé ne se manifeste que par son effet sur la masse de la matière. Des arguments similaires sont utilisés pour démontrer que le condensé des pions qui est responsable de la brisure de symétrie chiral est aussi limité aux nucleons [60]. Dans la section 2.2.4 on démontra que la survie du condensé du champ quintessence dans les échelles cosmologiques est une conséquence de son très petite masse et très faible couplage qui le mène à la formation d'un état cohérent presque uniforme aux distances cosmologiques et le permet d'échapper de l'expansion de l'Univers [HZ-A 6].

Le vide comme un état cohérent

Selon la définition du vide dans l'équation (2.1), dans le repère pour lequel il est défini, cet état n'a pas de particule. Donc, on ne s'attend à aucun effet sur une particule qui passe dans le vide. Cette propriété peut être utilisée comme un test pour vérifier la présence d'un vide. Cependant, des corrections quantiques incitent une masse effective qui dépend de l'échelle d'énergie. Donc, c'est la sensibilité d'un observateur à la variation d'énergie ou masse qui détermine dans quelle mesure le vide peut être détecté. Un observateur avec un détecteur haute résolution ne voit jamais aucun espace vide. Cela signifie que le vide est un concept abstrait. Une autre question à considérer est le fait que la définition (2.1) n'est pas indépendant du repère. Cependant, non localité de la mécanique quantique et la modification du vide due à la brisure des symétries soulève la nécessité d'une définition indépendante du repère pour le vrai vide de la théorie quantique des champs. Dans cette section nous proposons une telle définition.

Dans [HZ-A 6] nous avons définie un état cohérent généralisé pour un champ scalaire

2.2. Énergie sombre et théorie quantique de champs hors-équilibre

basé sur une suggestion originale de [16, 53] :

$$|\Psi_{GC}\rangle \equiv \sum_k A_k e^{C_k a_k^\dagger}|0\rangle = \sum_k A_k \sum_{i=0}^{N\to\infty} \frac{C_k^i}{i!}(a_k^\dagger)^i|0\rangle \qquad (2.5)$$

$$a_k|\Psi_{GC}\rangle = C_k|\Psi_{GC}\rangle \qquad \langle\Psi_{GC}|N_k|\Psi_{GC}\rangle = |A_k C_k|^2 \qquad (2.6)$$

Pour $\{C_k \to 0 \ \forall \ k\}$ cet état est neutralisé par tous les opérateurs d'annihilation et la valeur d'espérance de nombre des particules s'approche du zéro pour tous les modes. Donc, cet état satisfait la condition (2.1) pour un état du vide. Les coefficients A_k sont l'amplitude relative des modes et peuvent être non zéro même pour l'état du vide. De plus, on peut étendre cette définition en considérant les produits des états du type $|\Psi_{GC}\rangle$. Un tel état inclut les produits d'états dans lesquels les particules n'ont pas le même impulsion, et ainsi il contient toutes les combinaisons des états avec n'importe quel nombre de particules et d'impulsions :

$$|\Psi_G\rangle \equiv \sum_{k_1,k_2,\cdots}\left(\prod_{k_i} A_{k_i}\right)e^{\sum_i C_{k_i} a_{k_i}^\dagger}|0\rangle \qquad (2.7)$$

Un état du vide est défini comme $C_{k_i} \to 0 \ \forall \ k_i$ qui est l'asymptote de tous les états non vide. Dans une transformation Bogolubov cet état est projeté sur lui-même :

$$a_{k_i} = \sum_j\sum_{k_j}\mathcal{A}_{k_j k_i} a'_{k_j} + \sum_j\sum_{k_j}\mathcal{B}_{k_j k_i} a'^\dagger_{k_j} \qquad a_{k_i}^\dagger = \sum_j\sum_{k_j}\mathcal{A}^*_{k_j k_i} a'^\dagger_{k_j} + \sum_j\sum_{k_j}\mathcal{B}^*_{k_j k_i} a'_{k_j} \qquad (2.8)$$

Le remplacement de $a_{k_i}^\dagger$ dans (2.7) par l'expression correspondante dans (2.8) mène à une expression pour le $|\Psi_G\rangle$ similaire de (2.7) mais par rapport de l'opérateur $a'^\dagger_{k_j}$ et $C'_{k_j} = \sum_i \sum_{k_i} \mathcal{A}^*_{k_j k_i} C_{k_i}$. Pour $C_{k_i} \to 0 \ \forall \ k_i$ et une valeur finie de $\mathcal{A}^*_{k_j k_i}$, $C'_{k_i} \to 0 \ \forall \ k_i$. Notez qu'ici on suppose que la transformation Bogolubov change $|0\rangle$ à un état similaire qui est neutralisé par $a'_k \ \forall \ k$. Donc, au contraire de l'état nul de l'espace de Fock, $|\Psi_G\rangle$ est indépendant du repère.

Il est facile de vérifier que cette nouvelle définition du vide ne résout pas le problème de singularité de la valeur d'espérance de $\hat{T}^{00}$. Néanmoins, il donne un meilleur aperçu de la nature du problème. Notamment, on peut utiliser l'opérateur de nombre $\sum_k \hat{N}_k$ pour déterminer la densité d'énergie du vide car au contraire de $|0\rangle$, le nouveau vide $|\Psi_G\rangle$ est indépendant du repère et est neutralisé par l'opérateur du nombre $\hat{N}_k|\Psi_G\rangle = 0 \ \forall \ k$. Cette alternative pour mesurer la densité d'énergie du vide au lieu d'utilisation de $\hat{T}^{00}$ est discuté dans [45], mais est considérée insatisfaisante car l'état du vide défini dans (2.1) n'est pas indépendant du repère. Il faut aussi remarquer que nous distinguons explicitement entre un système dans lequel toutes les particules sont dans l'état fondamental et un système dans lequel la valeur d'espérance du nombre de particules dans n'importe quel état, y compris l'état fondamental, est zéro. Nous appelons le premier système un condensé et le deuxième selon (2.6) est un vide. Donc, selon cette définition les vides des modulies de la théorie des corde après la compactification sont des condensés. Voir [HZ-A 3] pour plus d'exemples et détails.

Bien que les coefficients A_k qui doit être calculé du Lagrangien complet dépendent des conditions initiales ou des conditions de borne, l'état $|\Psi_G\rangle$ contient tous les combinaisons possibles des particules et sera projeté sur lui-même par un changement de coordonnées. Dans ce sens il est unique et a une maximum de cohérence. Alors, comme n'importe quelle superposition, quand il est observé - ce qui a besoin d'une d'interaction - il est écroule sur un de ses états membres. Alors, un observateur externe l'interprète comme l'observation des particules virtuelles - car elles viennent d'un état présumé vide - et elles manifestent leurs effets comme la dépendance d'échelle de la masse et des couplages du champ. Parce que n'importe quel état simple dans la superposition du vide a une amplitude négligeable, on peut toujours considérer que le vide reste inchangé même quand un ou n'importe quel nombre fini de ses membres interagissent et se décohèrent. Ainsi, comme dans la définition habituelle du vide, les interactions modifient les propriétés des particules externes (réelles) aux échelles pertinentes pour l'interaction, mais ils ne changent pas $|\Psi_G\rangle$ globalement.

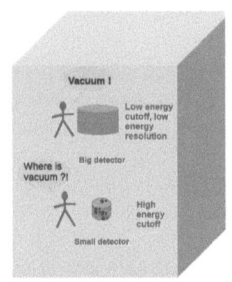

FIGURE 2.4 – Une description schématique de production de particules virtuelles par decohèrence partiel du vide. Des points (rouge) présentent les particules virtuelles qui sont decohérées et leurs effets indirects peuvent être mesurés par les détecteurs comme la dépendance d'échelle à la masse et aux couplages.

L'état du vide $|\Psi_G\rangle$ inclut tous les états dans n'importe quelle échelle, mais dans chaque expérience seulement une gamme d'entre eux est disponible pour des observateurs. Ils sont limités à l'échelle IR par la taille de l'appareil ou des limites observationnelle comme la présence d'un horizon et à l'échelle UV par l'énergie disponible à l'observateur. La présence d'une particule à une échelle donnée c.à.d à une discrimination entre le vide et le non vide à cette échelle dépend des incertitudes des mesures de distance/énergie. Aux grandes échelles de distance la sensibilité limitée des détecteurs ne peut pas détecter les interactions avec des particules virtuelles de très basse énergie. Ainsi aucune violation de la conservation d'énergie-impulsion ne se produise. Ceci ne pouvait pas être vrai si le vide avait une grande densité d'énergie qui pourrait être échangée avec des particules sur la couche de masse.

Le vide cohérent $|\Psi_G\rangle$ interagisse-t-il avec la gravité ? Une réponse détaillée à cette question a besoin d'une description quantique de la gravité. Néanmoins, par définition, les états qui composent un état cohérent ne sont pas observables sauf quand ils sont decohérés/écroulés. Et quand ceci se produise, ils n'apparaîtront plus comme le vide,

2.2. Énergie sombre et théorie quantique de champs hors-équilibre

voir la figure 2.4 pour présentation schématique. Donc, ils ne peuvent pas influencer des observations d'aucune façon, y compris gravitationnellement. Dans une vue semi-classique, on s'attend que l'espérance du nombre des particules avec une énergie et impulsion données détermine la force de la gravitation. L'équation (2.6) montre que ce nombre pour n'importe quel mode k est nul quand $\{C_k \to 0 \ \forall \ k\}$. Ainsi cet état ne sent pas la gravité. Ceci est une autre preuve de la nature non physique de la singularité du tenseur d'énergie-impulsion quand sa définition classique est utilisée dans la théorie quantique des champs sans régularisation.

Résumé

Dans cette section, des arguments divers ont été avancés pour préconiser une densité d'énergie nulle pour le vide dans le contexte des théories quantiques des champs. Ils excluent la densité d'énergie du vide comme l'origine d'énergie sombre. Quant à l'état du vide, on a démontré qu'il est un concept abstrait et seulement approximativement et asymptotiquement peut avoir une signification physique. Nous avons proposé une nouvelle définition indépendante du repère pour le vide comme un état cohérent avec une amplitude approchant au zéro. à part aider à mieux comprendre des questions sur l'origine d'énergie sombre, cette définition peut être utile pour la description non locale de la gravité quantique et des systèmes incluant des condensés. En absence d'une énergie du vide dans le sens que nous avons défini ici, les meilleurs candidats pour l'énergie sombre sont la modification de la gravité d'Einstein et la condensation d'un ou plusieurs champs quantiques avec un comportement du type quintessence.

2.2.3 Quintessence et énergie sombre interagissante

Introduction

Même avant la confirmation observationnelle d'une entité dans l'Univers qui se comporte très similaire à une constante cosmologique, les cosmologistes essayaient de trouver des modèles avec un tel comportement aux époques récents de la vie de l'Univers [7]. Ces modèles sont génériquement appelés *quintessence* et la majorité d'entre eux sont basée sur un ou plusieurs champs scalaires, bien que les modèles basés sur des champs vectoriels aient été aussi étudiés [61]. De manière similaire aux modèles d'inflation au roulement lent, le champ scalaire s'approche asymptotiquement au minimum du potentiel à zéro. Dans une variante des modèles de quintessence appelés *k-essence* l'évolution du champ scalaire est gouverné par l'énergie cinétique qui a une forme non conforme et généralement écrite sous la forme $K = f(\phi, \partial_\mu \phi)$. Ces modèles sont souvent inspirés de la théorie des cordes et d'autres modèles de gravité quantiques.

Ce n'est pas une tâche triviale de concevoir des modèles avec des solutions du type *tracking* qui sans ajustement minutieux des paramètres et des conditions initiales et pour une durée plus grande que la moitié de l'âge de l'Univers s'approche au zéro sans atteindre ce point limite. Il est démontré que la condition nécessaire pour la présence de telles solutions est [7, 62] :

$$V''V/V'^2 > 1 \tag{2.9}$$

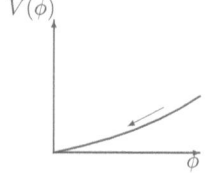

FIGURE 2.5 – Le roulement en bas d'un champ quintessence qui commence dans l'Univers primordial et continue sa descente jusqu'aujourd'hui.

Il est facile de vérifier que pour des modèles analytiquement simples avec un potentiel polynomial ou exponentiel, la condition (2.9) est satisfaite si représentants l'ordre ou l'exposant est négatif. Ce type de potentiels aussi bien que des modèles du type de k-essence ne sont pas renormalisables, et seulement leur fluctuations peuvent être quantisées [93]. Alors, on doit les considérer comme des modèles effectifs. De plus, on s'attend à ce qu'un champ quintessence a des interactions très faibles. Ainsi, son potentiel effectif doit être près de ses interactions fondamentales et perturbatif. Cette conclusion n'est pas en accord avec un potentiel non renormalisable.

à part des potentiels non renormalisable, plusieurs d'autres critiques peuvent être soulevés contre les modèles de quintessence avec seulement l'auto-interaction. Comme il a été décrit dans la section 2.2.1, dans les modèles de quintessence l'équation de l'état d'énergie sombre est :

$$w = \frac{P}{\rho} = \frac{\frac{1}{2}\dot{\phi}^2 - V(\phi)}{\frac{1}{2}\dot{\phi}^2 + V(\phi)} \geqslant -1 \tag{2.10}$$

ne permet pas de comportement du type fantôme pour la valeur positive du potentiel. Cela peut être en contradiction avec certaines données [2]. Les modèles fantôme correspondent à une rotation de Wick du temps dans des modèles de quintessence ordinaires, et sont analogue des modèles de quintessence dans un espace-temps Euclidien [64]. Dans cette opération $\rho \to -p$, $P \to -\rho$ et $w \to 1/w < -1$. Bien que la technique de rotation de Wick soit utilisée dans beaucoup de circonstances dans la physique pour simplifier des calculs, normalement une rotation inverse est exécutée à la fin des calculs qui retransforme les résultats au métrique Lorentzien. Dans les modèles fantômes la rotation de Wick est effectuée seulement dans le secteur de quintessence et il n'y a pas de transformation inverse. Ainsi, on considère que le champ est dans cet état seulement pour une période limitée. En tout cas, un tel modèle ne peut être qu'un modèle effectif simplifié.

En plus d'absence de $w \geqslant -1$, les modèles de quintessence simples/purs et une constante cosmologique n'expliquent pas pourquoi la densité d'énergie sombre est minutieusement ajustée de tel manière que les galaxies pourraient être formées avant que

2.2. Énergie sombre et théorie quantique de champs hors-équilibre

elle devienne dominante. Ce problème est appelé *le coïncidence d'énergie sombre* [3]. Nous devrions rappeler que si l'origine d'énergie sombre est liée à la physique à l'échelle de Planck - comme dans le contexte de la théorie des cordes - ou même aux échelles inférieure comme l'ère d'inflation ou le réchauffement qui l'a suivie, sa densité était des dizaines d'ordres de grandeur plus petite que la densité de matière pendant ces époques. Cela a besoin d'un ajustement minutieux extrême à moins qu'il y ait une relation inhérente entre l'énergie sombre et d'autres constituants de l'Univers, par exemple une interaction entre le champ quintessence et la matière noire [5], [HZ-A 25, 22, HZ-B 1]. Un autre avantage de cette classe de modèles est le fait qu'ils fournissent une explication simple pour $w_{obs} < -1$ si l'interaction d'énergie sombre avec la matière est ignorée dans l'analyse de données [HZ-A 25], [4].

On doit noter que les modèles de quintessence étudiés dans les travaux pionniers [5] sont en réalité la gravité modifiée, liée à l'extension Brans-Dick de la théorie de gravité d'Einstein. Un champ scalaire dilaton est introduit dans le modèle par la transformation $g_{\mu\nu} \to e^{C\phi} g_{\mu\nu}$ dans le Lagrangien de la matière où ϕ est le champ quintessence/dilaton, $g_{\mu\nu}$ est le métrique, et C est une constante de couplage. Dans [6] les couplages du dilaton aux matière noire et la matière baryonique sont différents. Ils reflètent les propriétés conformes différentes de ces constituants, et créent un effet de cinquième force qui peut inciter une ségrégation entre les deux types de matière. Une autre classe des modèles de quintessence interagissants qui ont été largement étudiés sont les modèles appelés *scaling* [9, 10, 11, 12]. Ils assument un rapport constant entre les densités de la matière noire et l'énergie sombre. Cependant, leur prédiction pour l'équation d'état est $w \gtrsim -0.7$ qui est en contradiction avec des données. Donc, à cet égard le modèle présenté dans [HZ-A 22, HZ-C 10] est en ma connaissance les premiers modèles proprement dit quintessences interagissants avec une interprétation lié plutôt à la physique de particules que la géométrie.

Avant décrire ma contribution dans l'étude des modèles d'énergie sombre interagissante, j'explique brièvement les points communs des modèles de quintessence interagissants et la gravité modifiée. Beaucoup d'extensions de la gravité d'Einstein et la limite classique des modèles de la gravité quantiques incluent un champ scalaire. Le meilleur exemple est $F(R)$ [8] et les modèles de la gravité conforme. Dans ces modèles souvent le champ scalaire a interaction non minimale avec la matière. Alors ils sont resemblables aux modèles de quintessence interagissants. Néanmoins, théoriquement nous pouvons les distinguer par leur interaction. Si comme la gravité, le champ scalaire a des couplages similaires à tous les types de matière, nous les appelons la gravité modifiée, autrement une quintessence interagissante. Cependant, au point de vue observationnelle il est très difficile de tester ce critère, parce que le champ scalaire doit avoir une interaction très faible avec la matière. De plus, environ %80 de la matière dans l'Univers est sombre et ne peut pas être observée directement. Par conséquent, la mesure de la différence entre le couplage d'énergie sombre aux divers composants de la matière est très difficile sinon impossible. C'est pourquoi d'autres critères de discrimination doivent être utilisés. Ce point sera discuté en détail dans la section 2.2.5.

$w_{obs} \lesssim -1$ en présence d'interaction dans le secteur sombre

Assez étrangement ma participation dans la recherche sur origine de l'énergie sombre a commencé pendant l'étude des Rayons Cosmiques Ultra Énergétiques (RCUE)! Je décrirai ce travail dans la section 2.3.2. Ici je juste rappelle que pour vérifier qu'une matière noire super-lourde désintégrante comme l'origine d'RCUE dans le contexte des modèles *top-down* avec les données cosmologiques, dans [HZ-A 25] j'ai comparé l'évolution de la fonction de Hubble $H(z)$ dans ces modèles avec les données disponibles des supernovae du type Ia [?] pour des diverse durée de vie de la matière noire. Dans un univers plat avec une constante cosmologique $H(z)$ est :

$$H^2(z) = \frac{8\pi G}{3}T^{00}(z) + \frac{\Lambda}{3} \qquad (2.11)$$

où $T^{\mu\nu}$ est le tenseur d'énergie-impulsion. Pour la matière et la radiation stables $T^{00}(z) = \rho_c\Omega_m(1+z)^3 + \Omega_h(1+z)^4$ où $\rho_c \equiv 3H_0^2/8\pi G$ est la densité critique à notre époque, et Ω_m et Ω_h sont respectivement les fractions de la densité de matière froide et de radiation/matière relativiste. Quand la matière noire se désintègre [HZ-A 25] ou interagisse avec d'autres composants [4], il n'y a pas d'expression exacte pour T^{00} parce qu'il dépend des modes de désintégration de la matière noire meta-stable et son couplage élastique et non élastique, le destin des particules produites, c.à.d. si elles sont relativistes et restent ainsi ou bien dissipent leur énergie et deviennent non relativistes. C'était pourquoi j'ai utilisé la simulation de la désintégration d'une matière noire super-lourde qui aussi inclut la propagation et dissipation des particules produites.

La figure 2.6 montre le meilleur ajustement analytique des données avec les simulations. Les données utilisées dans [HZ-A 25] était les données publiées (l'échantillon B) de *Supernova Cosmology Project* [66, 67] pour les supernovae à grand décalage vers le rouge *(redshift)* et Calan-Tololo [68] pour redshift basses. Il faut rappeler que l'équation d'état de matière w_m pour une matière noire froide désintégrante ou interagissante n'est pas nulle, c.à.d on ne peut pas la considérer comme la Matière Noire Froide (CDM) pour laquelle $w_m = 0$. Ceci est un point important parce que c'est cette différence qui mène à $w_{de} \lesssim -1$ si la désintégration/interaction n'est pas prise en compte dans le modèle ajusté aux données. Nous appelons la valeur de Ω_Λ et w_{de} obtenu avec la supposition d'une matière noire stable respectivement Ω_Λ^{eq} et w_{de}^{eq}. Ce sont ces valeurs qui doivent être comparé avec ce qui sont dans la littérature car leur hypothèse nulle est souvent une matière noire stable.

De plus, pour chaque modèle de matière noire désintégrante et une constante cosmologique comme l'énergie noire, nous avons déterminé des paramètres d'un modèle

2.2. Énergie sombre et théorie quantique de champs hors-équilibre 25

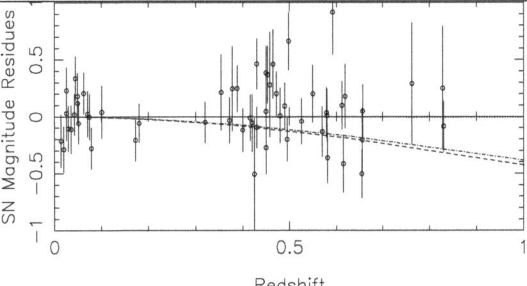

FIGURE 2.6 – Les résidues des meilleurs ajustements des magnitudes appârentes des supernovae pour $\Omega_\Lambda^{eq} = 0.7$, $\tau = 5\tau_0$. La valeur utilisée dans les simulations sont $\Omega_\Lambda = 0.73$. Les autres courbes sont pour la matière noire stable avec $\Omega_\Lambda^{eq} = \Omega_\Lambda = 0.7$ (pointillée) ; $\Lambda = 0$ et $\tau = 5\tau_0$ (tiret) ; $\Lambda = 0$ (tiret-point).

de quintessence équivalent avec la matière noire stable et $\rho_\Lambda = \Omega_q(1+z)^{3(w_q+1)}$. La figure 2.7 montre la variation de χ^2 de l'ajustement avec w_q. La table 2.1 montre la valeur des paramètres pour le modèle de quintessence équivalent. Selon la valeur de χ^2 de ces modèles, ils sont tous en accord avec les données. Cependant, clairement les modèles avec $w_q < -1$ ajustent les données un peu mieux, sauf le modèle avec $\Omega_\Lambda = 0.8$ qui a un ajustement plus mauvais que les autres. **Ceci prouve que le mauvais hypothèse d'une matière stable peut mener à $w_q < -1$ quand la matière noire se désintègre ou interagit, et l'énergie sombre est une constante cosmologique.** Ce travail est un des premiers travaux dans lesquels il a étdémontré que la valeur de $w < -1$ observée pour l'énergie sombre peut être due à l'application d'un mauvais modèle. Il est bien connu que les simulations et les ajustements analytiques incluent beaucoup d'approximations et d'incertitudes. Pour prouver que la conclusion de l'effet de la négligence la désintégration/interaction de la matière noire sur la valeur mesurée de w n'est pas un artefact, dans [HZ-A 25] une démonstration analytique approximative a été aussi effectuée. En raison de l'importance de ce sujet pour notre compréhension des observations et des modèles, je le reproduis ici.

Démonstration analytical : Avec une bonne précision, la densité totale d'un modèle cosmologique avec une matière noire désintégrante peut être exprimée de manière suivante :
$$\frac{\rho(z)}{\rho_c} \approx \Omega_M(1+z)^3 \exp(\frac{\tau_0 - t}{\tau}) + \Omega_{Hot}(1+z)^4 + \Omega_M(1+z)^4\left(1 - \exp(\frac{\tau_0 - t}{\tau})\right) + \Omega_\Lambda. \tag{2.12}$$

Chapitre 2. Exposé synthétique des recherches

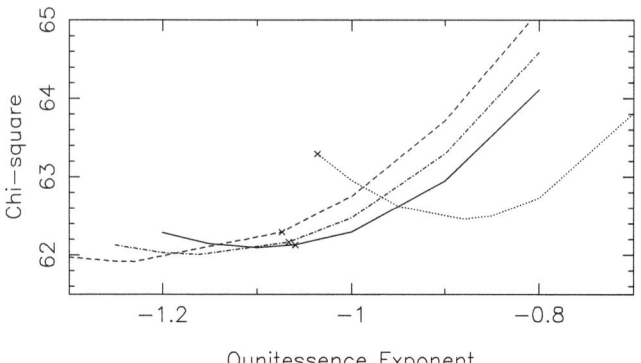

FIGURE 2.7 – χ^2 des ajustements des données de supernovae avec des modèles quintessence en fonction de w_q pour $\Omega_q = 0.67$ (tiret), $\Omega_q = 0.69$ (tiret-point), $\Omega_q = 0.71$ (ligne pleine) et $\Omega_q = 0.8$ (pointillée). Les χ^2 des modèles de quintessence équivalents à la désintégration de la matière noire avec $\tau = 5\tau_0$ et la valeur de Ω_Λ la plus proche de Ω_q (voir le tableau 2.1) sont aussi montrés. À part le modèle avec $\Omega_q = 0.8$ les autres ajustent mieux les données que la matière noire stable. Pour $\Omega_\Lambda = \Omega_q = 0.8$, une matière noir stable a une meilleur ajustement mais il est plus mauvais que les modèles précédents.

	Matière noire stable			$\tau = 50\tau_0$			$\tau = 5\tau_0$		
	$\Omega_\Lambda = 0.68$	$\Omega_\Lambda = 0.7$	$\Omega_\Lambda = 0.72$	$\Omega_\Lambda = 0.68$	$\Omega_\Lambda = 0.7$	$\Omega_\Lambda = 0.72$	$\Omega_\Lambda = 0.68$	$\Omega_\Lambda = 0.7$	$\Omega_\Lambda = 0.72$
H_0	69.953	69.951	69.949	69.779	69.789	69.801	68.301	68.415	68.550
Ω_Λ^{eq}	0.681	0.701	0.721	0.684	0.704	0.724	0.714	0.733	0.751
Ω_q	-	-	-	0.679	0.700	0.720	0.667	0.689	0.711
w_q	-	-	-	-1.0066	-1.0060	-1.0055	-1.0732	-1.0658	-1.0590
χ^2	62.36	62.23	62.21	62.34	62.22	62.21	62.22	62.15	62.20

TABLE 2.1 – Les paramètres cosmologiques des simulations avec une matière noire désintègrante et les paramètres des modèles de quintessence équivalents. H_0 est en km $Mpc^{-1} \sec^{-1}$.

2.2. Énergie sombre et théorie quantique de champs hors-équilibre

Il est considérié reste de la désintégration sont des particules relativistes. Dans une cosmologie plate $\Omega_M + \Omega_{Hot} + \Omega_\Lambda = 1$, et ρ_c est la présente densité critique. Si la matière noire est stable et nous négligeons la contribution de la radiation, le facteur d'expansion $a(t)$ est :

$$\frac{a(t)}{a(\tau_0)} = \left[\frac{(B\exp(\alpha(t-\tau_0))-1)^2}{4AB\exp(\alpha(t-\tau_0))}\right]^{\frac{1}{3}} \equiv \frac{1}{1+z}. \qquad (2.13)$$

$$A \equiv \frac{\Omega_\Lambda}{1-\Omega_\Lambda}, \qquad (2.14)$$

$$B \equiv \frac{1+\sqrt{\Omega_\Lambda}}{1-\sqrt{\Omega_\Lambda}}, \qquad (2.15)$$

$$\alpha \equiv 3H_0\sqrt{\Omega_\Lambda}. \qquad (2.16)$$

En utilisant (2.13) comme une approximation pour $\frac{a(t)}{a(\tau_0)}$ quand la matière noire se désintègre lentement, (2.12) prend la forme suivante :

$$\frac{\rho(z)}{\rho_c} \approx \Omega_M(1+z)^3 C^{-\frac{1}{\alpha\tau}} + \Omega_{Hot}(1+z)^4 + \Omega_M(1+z)^4(1-C^{-\frac{1}{\alpha\tau}}) + \Omega_\Lambda \qquad (2.17)$$

$$C \equiv \frac{1}{B}\left(1+\frac{4A}{(1+z)^3} - \sqrt{(1+\frac{4A}{(1+z)^3})^2 - 1}\right). \qquad (2.18)$$

Pour une désintégration lente, $\alpha\tau \gg 1$ et (2.17) devient :

$$\frac{\rho(z)}{\rho_c} \approx \Omega_M(1+z)^3 + \Omega_{Hot}(1+z)^4 + \Omega_q(1+z)^{3\gamma_q}, \qquad (2.19)$$

$$\Omega_q(1+z)^{3\gamma_q} \equiv \Omega_\Lambda(1+\frac{\Omega_M}{\alpha\tau\Omega_\Lambda}z(1+z)^3\ln C). \qquad (2.20)$$

L'équation (2.20) est la définition du terme quintessence équivalent. Après sa linéarisation :

$$w_q \equiv \gamma_q - 1 \approx \frac{\Omega_M(1+4A)(1-\sqrt{2A})}{3\alpha\tau\Omega_\Lambda B} - 1. \qquad (2.21)$$

Il est facile de voir que dans cette approximation $w_q < -1$ si le $\Omega_\Lambda > \frac{1}{3}$.

Quintessence de la désintégration d'une matière noire superlourde

Motivée par les arguments en faveur d'un modèle de quintessence interagissant dans la section 2.2.3, j'ai étudié un modèle avec une matière noire lentement désintègante qui a une interaction très faible avec un champ scalaire léger considéré d'être le champ de quintessence [HZ-A 22]. En outre, avec l'étude de cette classe des modèles nous montrons certains des avantages d'une interaction dans le secteur sombre peuvent être démontrés.

Supposons que juste après l'inflation l'Univers consiste à une *soupe* cosmologique incluant 2 espèces : une matière noire superlourde (SDM) indiquée X détaché du reste de la soupe très tôt et le reste est considéré comme un composant indépendant que nous ne spécifions pas en détail. La seule contrainte imposée sur ce composant est d'être composé des espèces légères incluant les baryons, les neutrinos, les photons et la matière noire légère en comparaison avec X. Pour la simplicité nous supposons que X est un champ scalaire ϕ_x, et c'est meta-stable c.à.d. il se désintègre avec une durée de vie beaucoup plus longue que l'âge de l'Univers à présent. Une très petite fraction d'énergie des particules produises est transférée à un champ scalaire très léger - le champ quintessence ϕ_q - avec une interaction négligeable avec d'autres champs. Ce modèle est motivé par des modèles top-down pour l'origine des Rayons Cosmiques Ultra Énergétiques (RCUE) [69, 70], [HZ-C 23, 22, 18 HZ-A 24 HZ-B 1]. Malgré des arguments récents contre ce type de modèles [72, 71], ils ne sont pas encore complètement exclus. En effect même si les RCUE ont une origine astronomique, la matière noire ou un de ses constituants peut être meta-stable, voir par exemple [74, 71]. Notons que plus la fraction de ce type de particules dans la matière noire est petite, plus courte la durée de vie et plus grand le couplage au champ quintessence leur sont admis [HZ-A 24].

Le Lagrangien effectif de ce modèle est :

$$\mathcal{L} = \int d^4x \sqrt{-g} \left[\frac{1}{2} g^{\mu\nu} \partial_\mu \phi_x \partial_\nu \phi_x + \frac{1}{2} g^{\mu\nu} \partial_\mu \phi_q \partial_\nu \phi_q - V(\phi_x, \phi_q, J) \right] + \mathcal{L}_J \quad (2.22)$$

Le champ(domaine) J présente collectivement d'autres champs produits dans la désintégration de X. Le terme $V(\phi_x, \phi_q, J)$ inclut toutes les interactions incluant des potentiels d'auto-interaction pour ϕ_x et ϕ_q :

$$V(\phi_x, \phi_q, J) = V_q(\phi_q) + V_x(\phi_x) + g\phi_x{}^m \phi_q{}^n + W(\phi_x, \phi_q, J) \quad (2.23)$$

Le terme $g\phi_x{}^m \phi_q{}^n$ est important parce qu'il est responsable de l'annihilation de X et le contre-réaction du champ de quintessence. $W(\phi_x, \phi_q, J)$ présente les interactions qui contribuent à la désintégration de X aux champs léger J et à ϕ_q (en plus des termes explicitement inclus dans (2.23)). Pour déterminer l'évolution de ces champs on considère X et J comme des particules classiques. La contribution du champ quintessence ϕ_q consiste en particules relativistes classiques avec la densité ρ'_q et un composant condensé se comportant comme l'énergie sombre avec la densité ρ_q. Après ces simplifications les équations d'évolution des divers composants du modèle

2.2. Énergie sombre et théorie quantique de champs hors-équilibre

sont écrit comme les suivantes :

$$\dot{\phi}_q[\ddot{\phi}_q + 3H\dot{\phi}_q + m_q{}^2\phi_q + \lambda\phi_q{}^3] = -2g\dot{\phi}_q\phi_q\left(\frac{2\rho_x}{m_x{}^2}\right) + \Gamma_q\rho_x \quad (2.24)$$

$$\dot{\rho}_x + 3H\rho_x = -(\Gamma_q + \Gamma_J)\rho_x - \pi^4 g^2\left(\frac{\rho_x{}^2}{m_x{}^3} - \frac{\rho_q'^2}{m_q{}^3}\right)(2.25)$$

$$\dot{\rho}_J + 3H(\rho_J + P_J) = \Gamma_J\rho_x \quad (2.26)$$

$$H^2 \equiv \left(\frac{\dot{a}}{a}\right)^2 = \frac{8\pi G}{3}(\rho_x + \rho_J + \rho_q) \quad (2.27)$$

$$\rho_q = \frac{1}{2}m_q{}^2\dot{\phi}_q{}^2 + \frac{1}{2}m_q{}^2\phi_q{}^2 + \frac{\lambda}{4}\phi_q{}^4 \quad (2.28)$$

Les constantes Γ_q et Γ_J sont respectivement la largeur de désintégration de X en ϕ_q et en autres espèces. L'effet du terme de désintégration $W(\phi_x, \phi_q, J)$ dans le Lagrangien apparaît comme le taux de désintégration total des particules X : $(\Gamma_q + \Gamma_J)\rho_x$ dans l'équation de conservation d'énergie.

Le système d'équations (2.24-2.28) est fortement non linéaire et une solution analytique ne peut pas être trouvée facilement. Il y a cependant deux régimes asymptotiques qui permettent un traitement analytique approximatif. La première solution se produit tôt après la production des particules X - vraisemblablement après le préchauffement (preheating) [77]) [79, 80, 81]. Pendant cette époque $\phi_q \sim 0$ et peut être négligé. L'autre régime est quand la variation en temps de ϕ_q est très lente et on peut négliger $\ddot{\phi}_q$. Dans [HZ-A 22] on a démontré que ces régimes peuvent se suivent progressivement et la solution finale est très proche d'un constant, c.à.d le champ de quintessence imite une constante cosmologique.

La solution numérique des équations (2.24) à (2.28) confirme les conclusions analytiques approximatives décrit ci-dessus. La figure 2.8 présente les résultats du calcul numérique de l'évolution de la densité du champ quintessence dans ce type de modèles. On conclue que pour une grande fraction de l'espace des paramètres et sans ajustement minutieux, le champ scalaire varie très lentement tôt après début de sa formation et se comporte semblable à une constante cosmologique.

Perturbations : En raison du regroupement *(clustering)* de la matière, une interaction dans le secteur sombre peut à priori inciter un regroupement de l'énergie sombre. Cependant, il y a des contraintes rigoureuses sur l'expansion anisotrope de l'Univers [82] et le regroupement de l'énergie sombre [83]. Alors, il est nécessaire de vérifier si le modèle décrit ci-dessus prévoit une distribution assez uniforme pour que le champ de quintessence soit compatible avec les données.

Après l'expansion des équations de Einstein et de Boltzmann pour les perturbations scalaires du métriques et les perturbations linéaires de l'anisotropie des composants

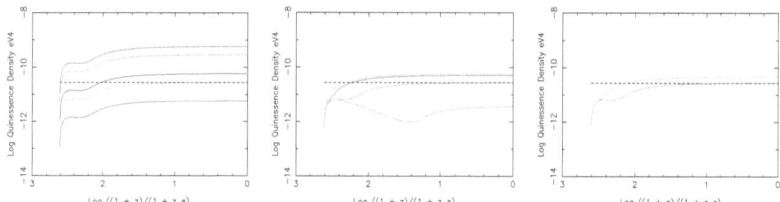

FIGURE 2.8 – Évolution de la densité du champ quintessence. Gauche : Pour les valeurs diverses de la fraction d'énergie de la désintégration de la matière noire transformées en champ quintessence : 10^{-16}(magenta), 5×10^{-16} (cyan), 10^{-15} (bleu), 5×10^{-15} (vert) et 10^{-14} (rouge). La masse et l'auto-couplage du champ quintessence sont respectivement 10^{-6} eV et 10^{-20} ; Centre : Pour des différentes valeurs de la masse du champ quintessence 10^{-3} eV (cyan), 10^{-5} eV (magenta), 10^{-6} eV (rouge) et 10^{-8} eV (vert) ; Droite : Pour des différentes valeurs d'auto-couplage : 10^{-10} (cyan), 10^{-15}, 10^{-20} et 10^{-25} (vert). La différence entre la densité du champ quintessence pour les 3 dernières valeurs d'auto-couplage est plus petite que la résolution de cette figure. La ligne en tiret est la valeur observée de la densité d'énergie sombre.

de ce modèle et quelques approximations pour rendre une analyse analytique possible, nous trouvons la relation suivante entre la fluctuation spatiale du champ de quintessence $\delta\phi_q$ et la dispersion de la vitesse de la matière noire $\delta u_x{}^i$:

$$-V'(\bar{\phi}_q, \bar{\rho}_x)\partial^i(\delta\phi_q) = \Gamma_q \bar{\rho}_x \delta u_x{}^i \qquad (2.29)$$

Cette équation montre que la divergence des fluctuations du champ quintessence $\partial^i \delta \phi_q$ suit la dispersion de vitesse de la matière noire dans la direction opposée. Cependant, en raison du très petit largeur de désintégration Γ_q, son amplitude est beaucoup plus réduite. De plus, avec l'expansion de l'Univers, $V'(\bar{\phi}_q, \bar{\rho}_x)$ varie seulement très légèrement c.à.d. juste l'interaction entre la matière noire désintégrante et ϕ_q change avec le temps. Au contraire, $\bar{\rho}_x$ se diminue par une facteur de $a^{-3}(t)$, et malgré une augmentation graduelle du regroupement et l'effondrement de la matière noire et sa dispersion, sa vitesse $\delta u_x{}^i$ ne peut pas compenser l'effet de la diminution de sa densité [83]. Alors, on conclut que la variation spatiale de ϕ_q est très petite et indétectable.

Finalement, pour tester cette classe de modèles contre des données, en plus de leur impact sur l'expansion de l'Univers et le regroupement de la matière que je discuterai plus en détail dans la section 2.2.5, il y a d'autres moyens qui peuvent être utilisés. En particulier, une matière noire lourde désintégrante produit des particules relativistes qui devrait être détectable directement s'ils sont des particules visibles ou bien indirectement - par leur effet sur l'évolution des grandes structures - s'ils sont

2.2. Énergie sombre et théorie quantique de champs hors-équilibre

invisibles. En fait, certaines observations récentes préfèrent un plus grand nombre des espèces relativistes - souvent exprimé comme le nombre effectif de neutrinos [84] - qui peut être lié à la désintégration ou interaction de la matière noire. Cependant, il y a d'autres explications pour ces observations, par exemple l'existence d'un ou deux neutrinos stériles [85]. Alors à présent on ne peut pas faire une conclusion.

Autrement, la durée de vie de la matière noire désintégrante peut être courte. Dans ce cas, elle s'est désintégré depuis long temps. Néanmoins, comme nous avons discuté auparavant, le potentiel du champ de quintessence après avoir arrivé à l'état de saturation reste constante et se comporte comme une constante cosmologique. Ceci explique l'ajustement minutieux extrême de la densité d'énergie sombre par rapport de celle de la matière noire dans l'Univers primordial. Cependant, à l'époque de l'expansion accélérante de l'Univers, la cohérence du condensé du champ quintessence peut être perturber et se diluer. Je décris l'étude de ce processus dans le cadre de la théorie quantique des champs dans la section suivante.

2.2.4 Condensation d'un champ scalaire quantique comme l'origine de l'énergie sombre

Introduction

Les modèles de quintessence et quelques autres phénomènes en cosmologie, en physique de particules et en matière condensée sont associés aux champs scalaires qui aux grandes échelles se comportent comme des champs classiques. Les champs scalaires classiques ont été introduits pour première fois en physique fondamentale dans le cadre des extensions de la gravité d'Einstein [86, 87] et comme un moyen pour l'unification de la gravité avec d'autres forces [88, 89]. Ils peuvent être liés aux modèles de gravité appartenant une symétrie conforme et sa brisure qui produit une gravité scalaire-tenseur [90]. Ainsi, dans ces modèles le champ scalaire a une origine géométrique, au moins aux échelles d'énergie beaucoup plus petites que la masse de Planck. Par contre, les autres champs scalaires connus comme le Higgs dans le Modèle Standard ou les pairs de Cooper en matière condensée ont une nature corporelle quantique. Ce fait a été expérimentalement démontrée tant dans la physique de particule [91] qu'en matière condensée [92] [1]. Le comportement classique des champs scalaire est en fait associé à un état quantique spécial appelé un condensé - en analogie avec la condensation des gouttelettes de liquide des particules ou des molécules

---

1. On doit rappeler que cette discrimination entre des particules et la géométrie perd sa signification dans l'interprétation géométrique des modèles fondamentaux, en particulier dans les modèles candidats de la gravité quantique, comme par exemple la théorie des cordes. Cependant, aux énergies basses la discrimination entre eux peut aider à mieux comprendre les modèles sous-jacents.

d'une vapeur. Dans cette section je décris brièvement comment un condensé peut se former aux échelles cosmologique [HZ-A 6, HZ-C 8, 1].

La décohèrence d'un champ scalaire due à son interaction avec un environnement et l'accumulation des particules dans un des deux minima d'un potentiel double est suggéré comme l'origine d'énergie non nulle du vide et un prototype pour le paysage (landscape) de la théorie des cordes [93, 94]. Ceci semble contre-intuitif car à priori la décohèrence réduit la corrélation quantique. En fait, c'est ce qui arrive. Au lieu d'être dans une superposition quantique de nombrau d'états d'énergie, en formant un condensé la distribution d'énergie des particules est limitée à un ou peu de niveaux d'énergie, voir par exemple [95]. Alors, bien qu'un condensé soit en état de superposition, il est plus *déterministe*, c.à.d. a une entropie plus petite que l'état quantique à partir duquel il est formé.

La formation d'un condensé dans l'environnement cosmologique soulève plusieurs complexités supplémentaires, car le condensé doit avoir une extension comparable à la taille de l'Univers. Tout d'abord, la masse du champ scalaire et son couplage, tant à soi que aux autres champs, doit être très petite. Dans le contexte du modèle expliqué dans la section précédente, les particules de quintessence sont produites par la désintégration d'une particule lourde. Par conséquent, au moment de leur production ils doivent être fortement relativistes. Par exemple, si elles sont produites pendant le préchauffement (preheating) après l'inflation, ou bien aux échelles d'énergie encore plus élevées - par exemple s'ils sont associés aux modules de la théorie des cordes - ils doivent être relativistes. En effet, les particules destinées à la condensation en laboratoire sont normalement refroidies aux températures très basses avant que le processus de condensation se produise. En raison des couplages très faibles des particules de quintessence, elles ne peut pas facilement se refroidir. Ces faits mettent des contraintes rigoureuses sur la condensation d'un champ scalaire. Alors, une étude compréhensive est nécessaire pour voir si une condensation peut surgir dans des contextes cosmologiques et déterminer les conditions nécessaires pour son occurrence. Les premiers résultats d'une telle investigation sont rapportés dans [HZ-A 6, HZ-C 8, 1].

En mécanique quantique, les valeurs d'espérance des opérateurs hermitiens associés aux observables présentent les résultats des mesures. Alors, il est naturel de définir l'observable (le composant) classique d'un champ scalaire quantique comme sa valeur d'espérance :

$$\varphi(x) \equiv \langle \Psi | \Phi(x) | \Psi \rangle \neq 0 \qquad (2.30)$$

où $|\Psi\rangle$ est un élément de l'espace de Fock du système. On voit facilement qu'un état cohérent consistant de la superposition d'un nombre infini des particules dans un état quantique unique - vraisemblablement l'état fondamental - se comporte comme un champ classique que l'on a défini dans (2.30), c.à.d. $\langle \Psi | \Phi(x) | \Psi \rangle \neq 0$ [53]. D'autre part, les particules bosoniques occupant le même état d'énergie forment un condensé de Bose-Einstein. C'est pourquoi, le champ classique $\varphi(x)$ est appelé un *condensé*. En utilisant la représentation canonique, il est facile de voir que pour un nombre limité de particules scalaires libres $\langle\Psi|\Phi|\Psi\rangle = 0$. Néanmoins, en présence d'une interaction, après la renormalisation un terme fini peut subsister même quand l'état contient un nombre fini des particules [96]. Dans ce cas, on peut considérer le champ Φ d'être *dressé*, ce qui effectivement présente un nombre infini de particules virtuelles et donc satisfait la condition de condensation des champs [97]. Dans ces cas, la valeur d'espérance peut être non zéro même pour le vide.

Production du champ quantique quintessence

Pour examiner la fiabilité des modèles de quintessence au point de vue de la théorie quantique des champs, nous considérons un modèle phénoménologique semblable à ce que l'on a expliqué dans la section 2.2.3. Le modèle consiste à une particule lourde X se désintègrant lentement à deux types de particules : un scalaire léger Φ et un autre champ A qui peut être un état intermédiaire ou bien indique collectivement des autres champs. Pour la simplicité il est aussi traité comme scalaire. La particule X et un des particules restantes peuvent être des spinors, mais la formulation du modèle sera plus compliquée. Cependant, le champ quintessence Φ doit être un scalaire. Du fait de la densité extrême de l'Univers après le réchauffement, à priori la formation des champs scalaires composés de Paire de Cooper des fermions est aussi possible. Mais, ce type de processus a besoin d'une interaction relativement forte entre les fermions, et peut surgir dans des phénomènes locaux comme le mécanisme de Higgs et le leptogenesis. Cependant, en raison de l'interaction très faibles d'énergie sombre ceci ne semble pas être plausible pour Φ. Les modes de désintégration les plus simples de X sont montrés dans la figure 2.9. Le diagramme (2.9-a) est le mode de désintégration/interaction le plus simple. Le diagramme (2.9-b) est un mode de désintégration prototype quand X et Φ partagent un nombre quantique conservé ou A et $\bar{A}$ (ici on considère $A = \bar{A}$) ont un nombre quantique conservé. Par exemple, un des candidats préférés pour X est un (s)neutrino se désintègrant à (pseudo-)champ scalaire beaucoup plus léger et un autre (s)neutrino transportant le

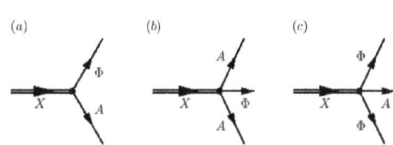

FIGURE 2.9 – Les modes de désintégration de la matière noire lourde X.

même nombre leptonique [98]. Le mécanisme de *seesaw* parmi des superpartenaires crée une séparation de masse entre sneutrinos droit et gauche, correspondant respectivement à X et Φ. Selon la conservation ou la violation de R-symétrie, l'autre

particule restante peut être un autre superpartner scalaire, Higgs ou Higgsino.
Le Lagrangien de ce modèle est :

$$\mathcal{L} = \mathcal{L}_\Phi + \mathcal{L}_X + \mathcal{L}_A + \mathcal{L}_{int} \tag{2.31}$$

$$\mathcal{L}_\Phi = \int d^4x \sqrt{-g}\left[\frac{1}{2}g^{\mu\nu}\partial_\mu\Phi\partial_\mu\Phi - \frac{1}{2}m_\Phi^2\Phi^2 - \frac{\lambda}{n}\Phi^n\right] \tag{2.32}$$

$$\mathcal{L}_X = \int d^4x \sqrt{-g}\left[\frac{1}{2}g^{\mu\nu}\partial_\mu X\partial_\mu X - \frac{1}{2}m_X^2 X^2\right] \tag{2.33}$$

$$\mathcal{L}_A = \int d^4x \sqrt{-g}\left[\frac{1}{2}g^{\mu\nu}\partial_\mu A\partial_\mu A - \frac{1}{2}m_A^2 A^2 - \frac{\lambda'}{n'}A^{n'}\right] \tag{2.34}$$

$$\mathcal{L}_{int} = \int d^4x \sqrt{-g} \begin{cases} \mathbf{g}\Phi XA, & \text{For (2.9)-a} \\ \mathbf{g}\Phi XA^2, & \text{For (2.9)-b} \\ \mathbf{g}\Phi^2 XA, & \text{For (2.9)-b} \end{cases} \tag{2.35}$$

Dans le reste de cette section je décris seulement le cas (a) en détail. Notez que l'on ne considère aucune auto-interaction pour X. L'auto-interaction de A peut être une description effective pour l'interaction des ensembles des champs collectivement présentés par A. La contrainte d'interaction très faible de l'énergie sombre signifie que les constantes du couplage λ et $\mathbf{g}$ doivent être très petits. Dans un modèle de physique de particules réaliste, la renormalisation et les effets non perturbatifs peuvent créer des potentiels compliqués pour les champs scalaires. Un exemple pertinent pour l'énergie sombre est un champ pseudo-scalaire Nambu-Goldstone avec une symétrie de décalage *(shift symmetry)* [14] qui protège la très petite masse du champ quintessence. Le potentiel du type polynomial considéré dans (2.32) peut être interprété comme le terme dominant ou un des termes d'un potentiel avec une symétrie de décalage.

Décomposition et équations d'évolution

Comme nous avons discuté auparavant, notre but principal est d'étudier l'évolution du condensé de quintessence. En accord avec la définition (2.30), on décompose $\Phi(x)$ à un condensé et un composant quantique :

$$\Phi(x) = \varphi(x)I + \phi(x) \qquad \langle\Phi\rangle \equiv \langle\Psi|\Phi|\Psi\rangle = \varphi(x) \qquad \langle\phi\rangle \equiv \langle\Psi|\phi|\Psi\rangle = 0 \tag{2.36}$$

où I est l'opérateur d'unité. Il faut noter que dans (2.36) des composants tant classiques que quantiques dépendent de l'espace-temps x. De plus, l'Univers n'est considéré d'être homogène, mais avec des petites anisotropies. On considère $\langle X\rangle = 0$ et $\langle A\rangle = 0$. La justification pour ces suppositions est les grandes masses et les interactions perturbatives de X et A qui réduit leur nombre et leurs effets quantiques.

2.2. Énergie sombre et théorie quantique de champs hors-équilibre

Plus tard on montra quantitativement que quand la masse d'un champ est grande, le minimum du potentiel effectif de son condensé approche le zéro. Comme X et A ont une interaction très faible avec Φ, leur évolution peut être étudiée de manière semi-classique en utilisant l'équation de Boltzmann avec un term de collision [HZ-A 24, HZ-B 2].

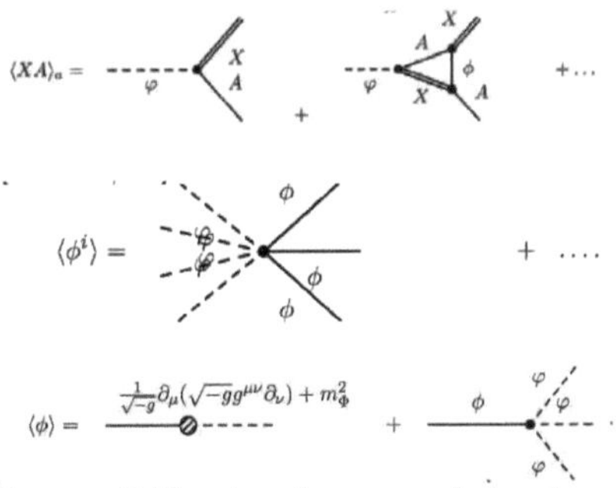

Après l'insertion de la décomposition (2.36) dans le Lagrangien (2.31), l'équation d'évolution du condensé φ pour l'interaction (a) est obtenue par l'application du principe variationnel :

FIGURE 2.10 – Les diagrammes inclus dans le calcul d'espérance estiment pour le modèle de décrépitude (a). La ligne en tiret présente le composant condensé φ.

$$\frac{1}{\sqrt{-g}}\partial_\mu(\sqrt{-g}g^{\mu\nu}\partial_\nu\varphi)+m_\Phi^2\varphi+\frac{\lambda}{n}\sum_{i=0}^{n-1}(i+1)\binom{n}{i+1}\varphi^i\langle\phi^{n-i-1}\rangle-\mathrm{g}\langle XA\rangle = 0 \quad \text{for (2.9-a)}$$
(2.37)

In faut noter que dans (2.35) des interactions non locales, c.à.d des termes contenant les dérivées de φ ne contribuent pas dans l'évolution de φ parce qu'ils sont tous proportionnels à ϕ. Après la prise de la valeur d'espérance des opérateurs ces termes deviennent nuls, car par définition $\langle\phi\rangle = 0$. Les valeurs d'espérance dépendent de l'état quantique du système $|\Psi\rangle$ qui présente l'état de toutes les particules dans le système. Il faut rappeler que la masse du composant quantique ϕ et ainsi son évolution dépend de φ. De plus, par l'interaction de Φ avec X et A les évolutions de tous les constituants de ce modèle sont corrélées. En fait, pour $n \geqslant 2$ les valeurs d'espérance de $\langle\phi^{(n-i-1)}\rangle$ $i = 0,\cdots, n-1$ modifient la masse et l'auto-couplage de φ. Une autre observation importante est le fait qu'en général le potentiel effectif du condensé φ n'est pas le même que le potentiel du Lagrangien classique.

Nous utilisons le formalisme de l'integral du chemin de temps fermé *(closed time path integral)* de Schwinger-Keldysh pour calculer des valeurs d'espérance dans (2.37) à l'ordre zéro. Le diagramme pertinent suivant est à l'ordre de g^3, voir la figure 2.10. Alors, en raison des couplages très faibles du champ quintessence, les diagrammes de l'ordre supérieurs sont négligeables. La décomposition de Φ affecte aussi la renormalisation du modèle. Cette question a été déjà étudiée [96] et nous ne le considérons pas ici. En revanche, les masses et des couplages sont supposés d'avoir leurs valeurs après la renormalisation. Une raison pour négliger cette question est le fait qu'il doive être étudier dans le cadre d'un modèle de physique de particules complet et réaliste. Conformément à la décomposition (2.36), la somme des graphes dans (2.2.4) est nulle parce qu'ils correspondent à l'équation dynamique du champ φ.

(2.37). Finalement, les valeurs d'espérance à l'ordre zéro sont :

$$\langle XA \rangle_a = -i\mathbf{g} \int \sqrt{-g} d^4 y \varphi(y) \left[G_A^>(x,y) G_X^>(x,y) - G_A^<(x,y) G_X^<(x,y) \right]$$
(2.38)

$$\langle \phi^i \rangle = -i\lambda \int \sqrt{-g} d^4 y \varphi^{n-i}(y) \left[[G_\phi^>(x,y)]^i - [G_\phi^<(x,y)]^i \right]$$
(2.39)

où $G^>$ et $G^<$ sont respectivement les propagateurs avancé et retardé, lié au propagateur de Feynman $G_F(x,y) = G^>(x,y)\Theta(x^0-y^0) + G^<(x,y)\Theta(y^0-x^0)$ qui peuvent être déterminés par la résolution les équations de dynamiques :

$$\frac{1}{\sqrt{-g}} \partial_\mu (\sqrt{-g} g^{\mu\nu} \partial_\nu G_F^\phi(x-y)) + (m_\Phi^2 + (n-1)\lambda \varphi^{n-2}) G_F^\phi(x-y) = -i \frac{\delta^4(x-y)}{\sqrt{-g}}$$
(2.40)

$$\frac{1}{\sqrt{-g}} \partial_\mu (\sqrt{-g} g^{\mu\nu} \partial_\nu G_F^i(x-y)) + m_i^2 G_F^i(x-y) = -i \frac{\delta^4(x-y)}{\sqrt{-g}} \quad , \quad i = X, A$$
(2.41)

Il est remarquable que même à l'ordre zéro (classique) $G_F^\phi(x-y)$ dépend au champ du condensé φ. L'interaction entre le composant quantique ϕ et le condensé φ est l'origine de la réaction inverse de la formation du condensé sur le champs quantique. Si les particules Φ sont produites seulement par la désintégration de X, au début la valeur de $\varphi = 0$ et l'intéraction entre ϕ et φ est très petit. Avec la croissance de l'amplitude de φ la masse effective des particules ϕ augmente. à son tour, cela affecte la croissance du condensé, car en raison d'une barrière d'énergie, désormais les particules ϕ ne pourront plus rejoindre le condensé. Ce rétrocontrôle (feedback) négatif empêche une formation explosive du condensé. On doit rappeler que pour prendre en compte la réaction inverse de manière complète nous devons considérer les propagateurs qui incluent les corrections quantiques d'ordres supérieurs c.à.d 2-Particules Irréductible (2PI). Cependant, leur inclusion fait ce problème complètement non solvable analytiquement. C'est pourquoi, la formulation complète de ce modèle est laissée pour un travail futur qui étudiera ce modèle par des simulations numériques.

En raison de l'accélération rapide de l'Univers, les particules ϕ et d'autres espèce devaient se dècoherer rapidement. Les modes de fluctuations ayant grandes longueur d'ondes (IR des modes) sont poussés hors de l'horizon assez tôt et jouent le rôle d'un environnement pour la décohèrence des particules X, A et ϕ qui se comportent par la suite de manière semi-classique. Ainsi, l'évolution de leur densité est gouvernée par des équations de Boltzmann classiques, voir par exemple [HZ-A 24]. Un traitement complet du modèle comme un processus quantique hors-équilibre doit inclure des équations Kadanoff-Baym. Ceci serait nécessaire quand ce modèle est étudié dans le contexte d'un modèle de la physique de particules réaliste.

2.2. Énergie sombre et théorie quantique de champs hors-équilibre

Le dernier ensemble des équations à être considérées pour une solution cohérente et complète du modèle sont les équations d'Einstein qui déterminent la relation entre la géométrie de l'espace-temps et l'évolution de son contenu. À priori, il est important de considérer la contre-réaction des anisotropies de la matière et de l'énergie sombre sur le métrique, au moins à l'ordre linéaire qui est une bonne approximation aux grandes échelles même aujourd'hui. Cependant, en raison de la complexité du modèle, nous considérons seulement un métrique homogène. Dans [HZ-A 6] il est démontré qu'à l'ordre linéaire des fluctuations scalaires du métrique, les propagateurs sont simplement $G_h(x,y)(1 + \psi)$ où ψ est le potentiel gravitationnel dans la jauge Newtonienne et $G_h(x,y)$ est le propagateur dans une géométrie homogène. Cette relation peut être utilisée pour évaluer l'effet des fluctuations du métrique sur l'évolution du condensé du champ quintessence. Sous ces approximations seulement l'évolution du facteur d'expansion $a(t)$, c.à.d l'équation de Friedmann a une importance spéciale pour la détermination d'évolution du condensé.

Pendant l'époque de domination de radiation la densité des particules non relativistes comme X est par définition négligeable et l'évolution de $a(t)$ est dirigée par les espèces relativistes que l'on ne considère pas ici explicitement. De la densité observée d'énergie sombre nous pouvons conclure que dans cette époque sa densité était beaucoup plus petite que celles d'autres composants et avait des effets négligeables sur l'évolution du facteur d'expansion. Dans l'époque de domination de la matière tant X que A sont considéré d'être non relativiste. Si la durée de vie de X est beaucoup plus courte que l'âge de l'Univers au début de l'époque de domination de la matière, la plupart des particules X sont désintégré et il ne joue plus un rôle significatif dans l'évolution de $a(t)$ qui est déterminé par d'autre espèce non relativiste. Si la durée de vie de X est beaucoup plus grande que l'âge de l'Univers, les particules X peuvent avoir une contribution significative dans la densité totale de matière. En raison de la désintégration très lente de X, dans le calcul de $a(t)$ il peut être approximativement traité comme stable et $a(t)$ s'évolue semblable au cas d'un modèle de CDM. Une meilleure évaluation de $a(t)$ peut être obtenue en prenant en compte la désintégration de X aux particules relativistes [HZ-A 25]. Encore une fois, ici nous utilisons l'approximation la plus simple car le problème à résoudre est déjà très compliqué, et nous voulons garder l'évolution $a(t)$ découplé des autres équations pour que nous puissions obtenir une solution approximative analytique. Quand la densité du condensé devient comparable à la densité de la matière, la théorie complète y compris des équations de Boltzmann doit être résolue. Dans ce cas l'évolution de $a(t)$ est de près liée à l'évolution du condensé de quintessence et une solution numérique complète est nécessaire.

État quantique

Les propagateurs et des valeurs d'espérance décrites dans la section précédente sont définis pour l'état quantique des contenus de l'Univers. Alors, avant n'importe quelle tentative pour calculer ces quantités nous devons savoir l'état quantique des divers constituants de l'Univers.

En raison d'une faible interaction entre des particules de ce modèle, après leur décohérence elles peuvent être traitées comme des particules libres, et leur état quantique $|\Psi_f\rangle$ peut être exprimé par la multiplication directe des états d'un particule :

$$|\Psi_f\rangle = \sum_{p_j} \bigotimes_{i,j} f^i(x, \{p_j\}, \varphi)|p_j^i\rangle \qquad (2.42)$$

Les indices i et j respectivement présentent les espèce et le nombre des particule, et $\{p_j\}$ l'impulsion de tous les états. Les distributions $f^i(x, \{p_j\}, \varphi)$ peuvent être exprimé en fonction des propriétés quantiques du système en utilisant la fonction de Wigner [99]. Notons qu'en raison de la dépendance des masses et des couplages à l'amplitude du condensé φ, les distributions des particules semi-classiques dépendent aussi à cette quantité. En projetant Ψ dans l'espace de coordonnées nous pouvons exprimer $|\Psi|^2$ comme un fonctionnel de fonction de Wigner :

$$|\Psi|^2 = \Psi^*(x)\Psi(y) = \Psi^*(\bar{x} + \frac{X}{2})\Psi(\bar{x} - \frac{X}{2}) = \frac{\sqrt{-g}}{(2\pi)^4}\int d^4p P(p,\bar{x})e^{-ip.X}$$

$$\bar{x} \equiv \frac{x+y}{2} \quad , \quad X \equiv x - y \qquad (2.43)$$

Dans la limite classique, la fonction de Wigner $P(p,\bar{x})$ s'approche à la fonction de distribution classique $f(p,\bar{x})$ qui peut être déterminée de manière cohérente des équations Boltzmann classiques ou leurs extensions quantiques c.à.d. des équations de Kadanoff-Baym. En fait, il est démontré [100] que les distributions peuvent être directement liées aux fonctions de Green :

$$\langle \hat{N}(\vec{k},t)\rangle \equiv \omega_k f(k,x,\varphi) = \mathcal{D}\langle \phi(-k,t)\phi(k,t')\rangle\bigg|_{t=t'} \qquad (2.44)$$

$$\mathcal{D} \equiv \frac{1}{2}\omega_k + \frac{1}{\omega_k}\frac{\partial}{\partial t}\frac{\partial}{\partial t'} + i(\frac{\partial}{\partial t} - \frac{\partial}{\partial t'}) \qquad (2.45)$$

Comme on l'a mentionné plus tôt, dans l'étude effectuée dans [HZ-A 6], les équation de Boltzmann n'sont pas résolues en même temps que l'équation d'évolution du condensé et une approximation thermique a été utilisée.

La détermination de l'état quantique du condensé est moins simple et aucune expression générale ou une procédure pour l'obtenir n'est disponible. Néanmoins, il est facile de vérifier que les états cohérents de Glauber [16] satisfont la condition

2.2. Énergie sombre et théorie quantique de champs hors-équilibre

(2.30) pour les condensés [15]. Après décomposition du champ de quintessence aux opérateurs de création et d'annihilation :

$$\Upsilon \equiv a(\eta)\Phi(x) = \sum_k [\mathcal{U}_k(x)a_k + \mathcal{U}_k^*(x)a_k^\dagger] \qquad (2.46)$$

$$[a_k, a_{k'}^\dagger] = \delta_{kk'}, \quad [a_k, a_{k'}] = 0, \quad [a_k^\dagger, a_{k'}^\dagger] = 0$$

où $\mathcal{U}_k(x) \equiv \mathcal{U}_k(\eta)e^{-i\vec{k}.\vec{x}}$ est une solution de l'équation du champs libre, un état cohérent est défini comme :

$$|\Psi_C\rangle \equiv e^{-|C|^2} e^{C a_0^\dagger} |0\rangle = e^{-|C|^2} \sum_{i=0}^{\infty} \frac{C^i(x)}{i!} (a_0^\dagger)^i |0\rangle \qquad (2.47)$$

Il est facile de vérifier que cet état satisfait la relation [53] :

$$a_0 |\Psi_C\rangle = C |\Psi_C\rangle \qquad (2.48)$$

De la décomposition de ϕ à la création et des opérateurs d'annihilation (2.46) nous trouvons :

$$\chi(x) \equiv a\langle \Psi_C | \Phi | \Psi_C \rangle = C\mathcal{U}_0(x) + C^*\mathcal{U}_0^*(x) \qquad (2.49)$$

Ici nous avons adapté la formule originale de [53] pour une cosmologie FLRW homogène. Du fait que χ est un champ réel, l'argument de C est arbitraire, et donc nous supposons que C est réel :

$$C = \frac{\mathcal{U}_0(x) + \mathcal{U}_0^*(x)}{\chi(x)} \qquad (2.50)$$

Les condensés produits en laboratoire incluent normalement des niveaux d'énergie multiples avec des condensés approximativement détachés l'un aux autres à chaque niveau d'énergie, voir par exemple [101]. Pour ces cas plus généraux la définition d'un condensé peut être généralisée de façon suivante : Considérer un système avec un grand nombre des particules scalaires du même type. Leur seul observable discriminant est l'implusion. La distribution d'impulsions est discrète si le système est mis dans un volume fini. Une telle configuration contient des sous-systèmes semblables à (2.47) qui chacun consiste aux particules d'une impulsion $\vec{k}$:

$$|\Psi_k\rangle \equiv A_k e^{C_k a_k^\dagger} |0\rangle = A_k \sum_{i=0}^{N} \frac{C_k^i}{i!} (a_k^\dagger)^i |0\rangle \qquad (2.51)$$

où A_k est un facteur de normalisation constante. Il est facile de vérifier que cet état satisfait la relation :

$$a_k |\Psi_k\rangle_N = C_k |\Psi_k\rangle_{(N-1)} \qquad (2.52)$$

Si $N \to \infty$, la relation (2.52) devient semblable à (2.48) et la valeur d'espérance du champ scalaire pour cet état est non nulle. Alors, nous définissons un état multi-condensé ou condensé généralisé comme un état dans lequel chaque particule appartient à un sous-état de la forme (2.51) :

$$|\Psi_{GC}\rangle \equiv \sum_k A_k e^{C_k a_k^\dagger}|0\rangle = \sum_k A_k \sum_{i=0}^{N\to\infty} \frac{C_k^i}{i!}(a_k^\dagger)^i|0\rangle \quad (2.53)$$

$$\chi(x,\eta) \equiv a(\eta)\langle\Psi_{GC}|\Phi|\Psi_{GC}\rangle = \sum_k C_k \mathcal{U}_k(x) + C_k^* \mathcal{U}_k^*(x) \quad (2.54)$$

Le d'état $|\Psi_{GC}\rangle$ satisfait l'égalité (2.52). Les coefficients A_k déterminent les amplitudes relatives des condensés des impulsions différentes un par rapport aux autres. En utilisant (2.54), l'équation d'évolution du champ détermine comment C_k's se développent. Il est facile à vérifier que la densité d'énergie et la densité du nombre effective des particules de l'état $|\Psi_{GC}\rangle$, respectivement défini comme la valeur d'espérance de $m_\Phi^2\Phi^2/2$ et l'opérateur du nombre $\sum_k a_k^\dagger a_k$ sont finis :

$$\langle\Psi_{GC}|\frac{m_\Phi^2\Phi^2}{2}|\Psi_{GC}\rangle = m^2 a^{-2}(\eta) \sum_k \left[\mathcal{R}e(C_k^2 \mathcal{U}_k(x)) + |\mathcal{U}_k(x)C_k|^2 + \frac{1}{2} \right] (2.55)$$

$$\langle\Psi_{GC}|\sum_k a_k^\dagger a_k|\Psi_{GC}\rangle = \sum_k |C_k|^2 \quad (2.56)$$

La raison pour les valeurs finies des quantités physiques malgré la présence d'un nombre infini d'états dans (2.53) est l'amplitude exponentiellement petite des composants avec $N \to \infty$.

Quand on calcule les propagateurs de ϕ, on doit prendre en compte la contribution de tous les composants de Φ dans la fonction d'ondes Ψ, y compris le condensé. Alors :

$$|\Psi^{(\Phi)}|^2 \approx f^{(\Phi)}(p,\bar{x}) + f^{(\varphi)}(\bar{x}) \quad (2.57)$$

où $f^{(\varphi)}$ est la contribution du condensé. Il faut noter que la séparation de deux composants dans (2.57) est une approximation et ignore l'interférence quantique entre les particules libres *Phi* et le condensé. Cette approximation est admise si l'auto-interaction de Φ est faible et le composant non condensé décohère rapidement. L'avantage de l'état cohérent généralisé pour l'énergie sombre est le fait que les particules de quintessence ne sont pas obligées de perdre complètement leur énergie pour se joindre à l'état condensé. Ceci adoucit significativement la contrainte imposée sur la formation d'un condensé par son interaction très faible. Il faut rappeler aussi que beaucoup d'autres états cohérents, par exemple pour des géométries spéciales existent dans la littérature [102]. Alors, il n'est pas exclu que d'autres types du condensé cosmologique existe.

2.2. Énergie sombre et théorie quantique de champs hors-équilibre 41

Solution d'équation d'évolution du condensé de quintessence

Quand les interactions sont négligées et après la redéfinition du champ $\chi \equiv \varphi$ et une transformation de Fourier des coordonnées spatiales, l'équation dynamique pour les champs prend la forme suivante :

$$\mathcal{U}_k'' + k^2\mathcal{U}_k + (a^2m^2 - \frac{a''}{a})\mathcal{U}_k = \begin{cases} 0 & \text{Pour l'évolution du condensé} \\ -i\frac{\delta(\eta-\eta')}{a} & \text{Pour les propagateurs} \end{cases} \quad (2.58)$$

où η est le temps conforme. Après l'addition de la contribution d'un état non vide, le propagateur de Feynman $G(\eta, \eta')$ a l'expansion suivante :

$$iG_k(\eta, \eta') = \left[\mathcal{A}_k^>\mathcal{U}_k(\eta)\mathcal{U}_k^*(\eta') + \mathcal{B}_k^>\mathcal{U}_k^*(\eta)\mathcal{U}_k(\eta')\right]\Theta(\eta-\eta') +$$
$$\left[\mathcal{A}_k^<\mathcal{U}_k(\eta)\mathcal{U}_k^*(\eta') + \mathcal{B}_k^<\mathcal{U}_k^*(\eta)\mathcal{U}_k(\eta')\right]\Theta(\eta'-\eta) \quad (2.59)$$

où $\mathcal{A}_k^>$, $\mathcal{B}_k^>$, $\mathcal{A}_k^<$ et $\mathcal{B}_k^<$ sont des constantes d'intégration. Pour des propagateurs libres sur des états non vide, il est possible d'inclure la contribution de l'état dans les conditions de borne imposées au propagateur, voir l'annexe-A dans [HZ-A 6]. Cela mène aux relations suivantes entre les constantes d'intégration et la fonction d'ondes du système :

$$\mathcal{A}_k^> = 1 + \mathcal{B}_k^> \quad , \quad \mathcal{B}_k^< = 1 + \mathcal{A}_k^< \quad , \quad \mathcal{A}_k^< = \mathcal{B}_k^> = \sum_i \sum_{k_1k_2...k_n} \delta_{kk_i}|\Psi_{k_1k_2...k_n}|^2 \quad (2.60)$$

$$G_k^>(\eta, \eta')\bigg|_{\eta=\eta'} = G_k^<(\eta, \eta')\bigg|_{\eta=\eta'} \quad (2.61)$$

$$\mathcal{U}_k'(\eta)\mathcal{U}_k^*(\eta) - \mathcal{U}_k(\eta)\mathcal{U}_k'^*(\eta) = \frac{-i}{a(\eta)} \quad (2.62)$$

Conditions Initiales des propagateurs : Les équations des champs sont des équations différentielles à second ordre et une description complète de leur solutions a besoin de la valeur initiale du champ et sa dérivée. Autrement, elles peuvent être traitées comme un problème aux limites qui a besoin des valeurs du champ à deux époques différentes. La condition initiale général pour un système borné, y compris les conditions Neumann et Dirichlet comme des cas spéciaux, est [103] :

$$a^{-1}\partial_\eta \mathcal{U} = -i\mathcal{K}\mathcal{U} \quad (2.63)$$

où le vecteur du genre espace n^μ est normal aux bornes et définie comme $n^\mu = un^{-1}(1,0,0,0)$, et $\mathcal{U}$ est une solution de l'équation différentielle. La constante $\mathcal{K}$

dépend à l'échelle k. Dans une configuration cosmologique les conditions initiales (2.63) doivent être appliquées aux surfaces de borne dans le passé (l'état initial) et dans la future (l'état final) [103]. Dans le cas des propagateurs, elles sont seulement appliqués aux limites dans le passé et dans la future, respectivement pour les propagateurs avancé et retardé. Dans chaque cas l'autre condition de limite est remplacée par la condition de consistance (2.61). Quand les deux valeurs limites de $\mathcal{K}$ sont différentes, on trouve :

$$\mathcal{K}_j = i\frac{\mathcal{U}'_k(\eta_j)}{a_j \mathcal{U}_k(\eta_j)}, \quad j = i, f \tag{2.64}$$

$$|\mathcal{U}_k(\eta_j)|^2 = \frac{1}{a^2(\eta_j)(\mathcal{K}_j(k,\eta_j) + \mathcal{K}^*_j(k,\eta_j))}, \quad |\mathcal{U}'_k(\eta_j)|^2 = \frac{|\mathcal{K}_j(k,\eta_j)|^2}{\mathcal{K}_j(k,\eta_j) + \mathcal{K}^*_j(k,\eta_j)} \tag{2.65}$$

En cosmologique, $\mathcal{K}_f$ peut être fixé par des observations, mais $\mathcal{K}_i$ est inconnu et laisse une constante dépendent du modèle qui devrait être fixé par la physique de l'Univers primordial. Cet arbitraire de la solution générale ou autrement dit le vide la théorie est [104] bien connu . Dans le cas d'inflation - dans des espaces-temps De Sitter - une classe des solutions du vide possibles appelées α-vide est souvent utilisée :

$$\mathcal{K}_i, \mathcal{K}_f = \sqrt{k^2/a^2_{i,f} + m^2} \tag{2.66}$$

et les solutions correspondantes sont bien connues sous le nom Bunch-Davies [103]. Nous utilisons ce choix pour le modèle de quintessence étudié ici.

L'ère de la domination de radiation : Les particules X sont vraisemblablement produites pendant l'époque du réchauffement [75, 77] et leur désintégration commence dès après. Dans cette époque des particules relativistes dominent la densité d'énergie de l'Univers, donc le facteur d'expansion $a(\eta)$ peut être déterminé indépendamment. Heureusement, les équations homogènes des champs ont des solutions exactes et bien connues [105], et après l'application de l'approximation WKB les solutions complètes de l'équation d'évolution du condensé de quintessence in-

2.2. Énergie sombre et théorie quantique de champs hors-équilibre

cluant des interactions peuvent être obtenues :

$$U_k \approx \sqrt{\frac{\eta_0}{\eta}} \exp\left(\frac{1}{2}\sum_{\alpha,\beta} B'_{\alpha\beta} \sin\left(2\alpha \ln \frac{\eta}{\eta_0} - \frac{\beta\eta^2}{4\eta_0^2}\right)\left[\frac{\eta}{\eta_0} + A'_{\alpha\beta}\cos\left(2\alpha \ln \frac{\eta}{\eta_0} - \frac{\beta\eta^2}{4\eta_0^2}\right)\right]\right) \times$$
$$\exp\left(-\frac{i}{4}\sum_{\alpha,\beta}\left\{\left[\frac{\eta}{\eta_0} + A'_{\alpha\beta}\cos\left(2\alpha \ln \frac{\eta}{\eta_0} - \frac{\beta\eta^2}{4\eta_0^2}\right)\right]^2 - B'^2_{\alpha\beta}\sin^2\left(2\alpha \ln \frac{\eta}{\eta_0} - \frac{\beta\eta^2}{4\eta_0^2}\right)\right\}\right)$$
(2.67)

$$V_k - iU_k \approx \sqrt{\frac{\eta_0}{\eta}} \exp\left(-\frac{1}{2}\sum_{\alpha,\beta} B'_{\alpha\beta} \sin\left(2\alpha \ln \frac{\eta}{\eta_0} - \frac{\beta\eta^2}{4\eta_0^2}\right)\left[\frac{\eta}{\eta_0} + A'_{\alpha\beta}\cos\left(2\alpha \ln \frac{\eta}{\eta_0} - \frac{\beta\eta^2}{4\eta_0^2}\right)\right]\right) \times$$
$$\exp\left(\frac{i}{4}\sum_{\alpha,\beta}\left\{\left[\frac{\eta}{\eta_0} + A'_{\alpha\beta}\cos\left(2\alpha \ln \frac{\eta}{\eta_0} - \frac{\beta\eta^2}{4\eta_0^2}\right)\right]^2 - B'^2_{\alpha\beta}\sin^2\left(2\alpha \ln \frac{\eta}{\eta_0} - \frac{\beta\eta^2}{4\eta_0^2}\right)\right\}\right)$$
(2.68)

où η_0 est le temps conforme initial et α, β, A' et B' sont des constantes dépendantes des paramètres du modèle. La présence d'un terme exponentiel réel dans les solutions indépendantes de l'équation d'évolution et la différence de phase entre eux signifie que à l'époque de la domination de radiation, il y a toujours un terme croissant qui assure l'accumulation du condensé. Cependant, due à la petitesse des coefficients $A'_{\alpha\beta}$ qui sont proportionnels à g^2, sa croissance peut être très lente. Alors, on conclut que dans ce régime la production de des particules Φ par la désintégration lente des particules X sont assez pour produire un condensé quintessence. La figure 2.11 montre V_k et U_k pour un choix des paramètres. On doit rappeler à la similitude de ces solutions de la résonance paramétrique pendant le préchauffement [32]. Ceci n'est pas une surprise car la forme des équations d'évolution de ces modèles sont très semblables.

Contre-réaction : Une croissance exponentielle du condensé pour toujours serait évidemment catastrophique pour ce modèle. Nous montrons ci-dessous que pendant l'ère de domination de la matière l'expansion plus rapide de l'Univers arrête la croissance. De plus, si X a une durée de vie courte et se désintègre complètement avant la fin de l'époque de la domination de radiation, le terme de production dans (2.38) devient négligeablement petit. En raison de nombreuse simplifications que nous avons dues faire pour pouvoir obtenir des solutions approximatives (2.67) et (2.67), quelques autres questions doivent être aussi prises en compte. Par exemple, nous avons négligé l'effet des particules libres phi. Le transfert d'énergie entre ces particules et le condensé peut mener à l'évaporation de ce dernier. Cet effet serait de façon cohérente pris en compte si on résout ensembles des équations de Boltzmann/Kadanoff-Baym et l'équation d'évolution du condensé, et considère les termes 2PI dans l'évolution des propagateurs.

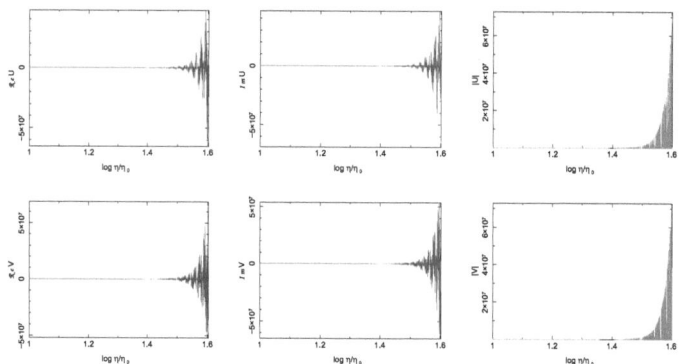

FIGURE 2.11 – Les valeurs réelles, imaginaires, et absolues d'un des U_k et V_k pour $\alpha = 0$ et $\beta = 100$. Les aspects généraux de ces fonctions ne sont pas très sensibles à α et sont très semblables pour $\beta \gtrsim 1e10$. Il faut noter bien qu'il y ait des sauts - des résonances - dans la valeur de U et V, dus aux termes d'interactions plus compliqués ils ne sont pas réguliers comme c'est le cas dans les modèles du préchauffement.

Ère de la domination de la Matière : Dans l'époque de la domination de matière la relation entre le temps comoving et le temps conformal dévie de celle de l'ère précédente et par conséquent l'équation d'évolution de champs est différente et prend la forme suivante :

$$\mathcal{U}_k'' + (k^2 + \frac{m^2 a_0^2 \eta^4}{\eta_0^4} - \frac{2}{\eta^2})\mathcal{U}_k = 0 \qquad (2.69)$$

Au contraire de l'époque de la domination de radiation, cette équation n'a pas de solution analytique connue. Seulement pour deux cas spéciaux de $m = 0$ et $k^2 = 0$ il a des solutions analytiques exactes. Alors, nous devons utiliser un d'entre eux, en préférence la solution de $k^2 = 0$ qui est plus proche du cas au quel nous somme intéressés et la technique WKB pour obtenir une solution analytique approximative. Quand les interactions sont ignorées la solution de l'équation d'évolution a

2.2. Énergie sombre et théorie quantique de champs hors-équilibre

l'expression approximative suivante :

$$\chi_k(\eta) \xrightarrow[\lambda=0]{\frac{\eta}{\eta_0} \gg 1} \sqrt{\frac{2}{\pi \beta'_\Phi} \frac{\eta_0}{\eta}} \left(1 - \frac{3k^2\eta_0}{2m_\Phi^2 \eta} + \mathcal{Y}_k(\eta)\right) \left\{ c'^{(a)}_k \sin\left(\beta' \frac{\eta^3}{\eta_0^3}(1 - \frac{3k^2\eta_0}{2m_\Phi^2 \eta}) + \mathcal{Y}_k(\eta)\right) + \right.$$
$$\left. d'^{(a)}_k \cos\left(\beta' \frac{\eta^3}{\eta_0^3}(1 - \frac{3k^2\eta_0}{2m_\Phi^2 \eta}) + \mathcal{Y}_k(\eta)\right)\right\} \tag{2.70}$$

$$\mathcal{Y}_k(\eta) = \frac{i g^2}{4(2\pi)^3 \pi \sqrt{\beta'_A \beta'_X}} \left\{ \sum_\alpha C_\alpha(k,\bar{x})\gamma(-2, i\alpha\frac{\eta^3}{\eta_0^3}) + \sum_\alpha C'_\alpha(k,\bar{x})\gamma(-\frac{1}{3}, i\alpha\frac{\eta^3}{\eta_0^3}) \right\} \tag{2.71}$$

où C_α et C'_α sont proportionnel aux distributions des particules A et X. Loin du temps initial, les fonctions γ dans (2.71) s'approchent à une constante et les termes dépendants à $\bar{x}$ c.à.d. ceux contenant $f^{(A)}$ et $f^{(X)}$ décroissent très rapidement, comme $(\eta_0/\eta)^6$ pour des termes contenant un f, et $\chi_k(\eta)$ devient une fonction oscillante que son amplitude diminue comme η_0/η avec le temps. Par conséquent, φ_k décroît comme η_0^3/η^3 et la production de Φ de la désintégration de X saule ne sera pas assez pour compenser l'expansion de l'Univers. Alors, la densité du condensé se diminue. Évidemment, la validité de cette conclusion dépend à la précision des approximations considérées dans ce calcul. En fait il est démontré que les équations linéarisées arrivent toujours à cette conclusion même quand toutes les interactions sont incluses dans le calcul.

Pour effectuer une analyse non linéaire de l'équation d'évolution du condensé avec l'auto-interaction, nous négligeons d'abord des corrections quantiques. Cela signifie que nous considérons seulement le terme d'interaction classique dans (2.37) pour lequel le minimum du potentiel est à l'origine. Si pour la simplicité nous négligeons aussi le terme de production, l'équation d'évolution devient :

$$\chi'' + (k^2 + a^2 m_\Phi^2 - \frac{2}{\eta^2})\chi + \lambda a^{4-n} \chi^{n-1}(x) = 0 \tag{2.72}$$

En utilisant une approximation de différence pour des dérivées mais sans linéarisation, nous constatons bien qu'au début χ puissent grandir indépendamment des conditions initiales, plus tard il s'approche au zéro. Cela signifie que cette équation manque une solution du type tracking. Une autre façon de vérifier l'absence d'une solution type tracking est l'application du critère $\Gamma \equiv V''V/V'^2 > 1$ qui est la condition nécessaire pour l'existence de cette classe de solutions [62]. Dans équation (2.72) $\Gamma = n(n-1)/n^2 < 1$ pour $n > 0$. Ceci est un résultat bien connu. Comme on l'a discuté dans la section 2.2.3, seulement les potentiels exponentiels et polynômial inverses ont une solution asymptotique du type tracking [7].

Quand des corrections quantiques sont ajoutées, l'équation d'évolution dépend du coefficient C qui apparaît dans l'expression des propagateurs et détermine l'amplitude de l'état quantique du condensé. Ce coefficient dépend inversement de χ, voir

(2.50), et incite ainsi un contre-réaction de la formation du condensé aux propagateurs de ϕ et vis-versa. Après l'addition de ces termes non linéaires à l'équation d'évolution du condensé de quintessence, elle prend l'expression approximative suivante :

$$\chi'' + (k^2 + a^2 m_\Phi^2 - \frac{2}{\eta^2})\chi + \frac{i}{3}\lambda^2 a^{4-n}(\frac{2}{\pi\beta'_\Phi})^{n-2} e^{i\frac{(8-n)\pi}{6}}(\frac{\eta_0}{\eta})^{n-1}$$
$$\times \sum_{\alpha,\beta} \beta^{-\frac{8-n}{3}} \gamma(\frac{8-n}{3}, -i\beta\frac{\eta^3}{\eta_0^3}) e^{i(\alpha+\beta)\frac{\eta^3}{\eta_0^3}}$$
$$\times \sum_{i=1}^{n-1} \binom{n-1}{i}(\frac{2}{\pi\beta'_\Phi})^{n-i} \cos^{2(n-i)}(\beta'_\Phi \frac{\eta^3}{\eta_0^3})(\frac{\eta_0}{\eta})^{2(n-i)} \chi^{-2(n-i)+1}(\eta) + \ldots = 0$$
$$\alpha, \beta = j\beta'_\Phi, \qquad j = -(n-1), \ldots, n-1 \tag{2.73}$$

où les points indiquent des termes sous-dominants. Le potentiel effectif dans cette équation inclut les termes aux puissance négatifs qui peuvent satisfaire la condition de tracking s'ils varient très lentement avec le temps. En utilisant l'expression asymptotique de la fonctionne *gamma* incomplète et comptant les ordres des termes de η/η_0, on conclut que le potentiel effectif satisfait la condition pour l'existence de solution tracking à $\eta/\eta_0 \gg 1$ si :

$$\alpha = -2\beta, \qquad 17 - 6n + 2i \geqslant 0 \tag{2.74}$$

La première condition élimine les facteurs oscillants et le deuxième correspond aux ordres des termes de η/η_0 satisfaisant la condition pour les solutions du type tracking. Comme $i \leqslant n-1$, cette condition est satisfaite seulement pour $n \leqslant 3$. Le cas de $n = 4$ est aussi intéressant, car bien que l'indice des termes du temps soit positif, la décroissance de la densité du condensé serait assez lente tel que la valeur de son équation d'état soit en accord avec les observations. Il est remarquable que ces valeurs pour l'ordre d'auto-interaction sont les seuls potentiels polynomiaux renormalisable dans les espaces-temps à 4 dimensions. L'étude de l'ère de la domination d'énergie sombre est plus compliquée, car les équations d'évolution du condensé et le facteur d'expansion $a(\eta)$ deviennent fortement couplées et doivent être résolues numériquement.

Résumé

Dans [HZ-A 6, HZ-C 8,1], nous avons utilisé des techniques de la théorie quantique des champs hors-équilibre pour étudier la condensation d'un champ scalaire pendant les ères cosmologiques. Il était considéré d'être produit par la désintégration d'une particule beaucoup plus lourde. Des processus similaires s'étaient nécessairement produits pendant le réchauffement de l'Univers. Ils pourraient se produire aussi plus

2.2. Énergie sombre et théorie quantique de champs hors-équilibre

tard si les restes de la désintégration ne perturbaient pas significativement le nucleosynthesis primordial. Pour accomplir cette condition, la probabilité de tels processus devait être très petite. Nous avons démontré qu'une des conditions nécessaires pour la formation d'un condensé est sa masse légère et son petit auto-couplage qui jouent un rôle important dans l'évolution cosmologique du condensé et sa contribution à l'énergie sombre. En particulier, nous avons démontré que seulement une auto-couplage d'ordre $\lesssim 4$ peut produire un condensé stable dans l'époque de la domination de matière. La confirmation de ces résultats et l'extension des analyses à l'époque de la domination d'énergie sombre ont besoin d'un calcul numérique de toutes les équations, et est un projet pour l'avenir proche.

Je finis cette section en rappelant que si l'énergie sombre est le condensé d'un champ scalaire, l'importance des corrections quantiques dans sa formation et son évolution serait la preuve du règne de la Mécanique Quantique aux plus grandes échelles observables de l'Univers.

2.2.5 Paramètrisation et teste des modèles d'énergie sombre

Introduction

La modélisation d'un phénomène physique ne serait pas utile si nous ne pouvons pas distinguer entre les modèles. En particulier, en ce qui concerne l'origine d'expansion accélérante de l'Univers, depuis sa confirmation par les observations dans la deuxième moitié de la décennie de 1990, un grand nombre de modèles sont suggérés pour expliquer ce phénomène. Dans la section 2.2.1 on a brièvement passé en revue les catégories les plus populaires des modèles d'énergie sombre. Cependant, lorsqu'il s'agit de leur vérification observationnelle, la difficulté de la tâche nous oblige à être plus générale et pour le moment cibler seulement la discrimination entre trois principales catégories des candidats d'énergie sombre :

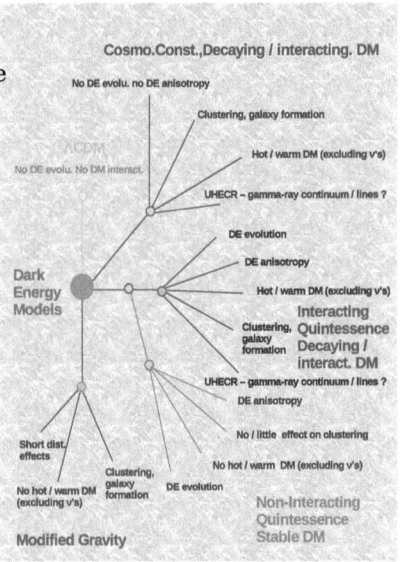

FIGURE 2.12 – Les principales catégories des modèles d'énergie sombre et les observables qui potentiellement portent leur empreinte. Une version plus simple de ce diagramme est publiée dans [HZ-C 6]. Les points d'interrogation signifient que l'effet est modèle dépendant.

48   *2.2. Énergie sombre et théorie quantique de champs hors-équilibre*

— **Constante Cosmologique**
— **Quintessence**
— **Gravité modifiée**

La figure 2.12 montre ces catégories et leurs éventuels impacts sur des divers observables qui peuvent potentiellement être utilisé pour distinguer ou contraindre le modèle sous-jacent. En fait, une différence notable entre une constante cosmologique, la gravité modifiée et certains des modèles de quintessence est la présence d'une interaction faible entre la matière et l'énergie sombre dans les deux derniers cas qui éventuellement peut laisser, en plus des effets sur la distribution de la matière aux grandes échelles, d'autres empreintes distinguables comme par exemple la matière noire chaude/tiède. Des prospectives pour les études multi-sonde d'énergie sombre sera discuté dans le chapitre suivant.

Il y a essentiellement deux principaux observables cosmologiques que par leurs mesures des paramètres cosmologiques peuvent être déterminés. Le premier observable est le taux d'expansion de l'Univers - la fonction de Hubble $H(z)$ et son évolution avec redshift. La deuxième quantité est la distribution des anisotropies de la matière et la radiation. La mesure de la première quantité a besoin des bougies standard c.à.d. des objet avec une luminosité ou une dimension connue. Quant à la deuxième, parce que la plupart de la matière dans l'Univers est sombre, sa distribution peut seulement être mesurée indirectement par les anisotropies qu'elle incite dans la distribution du fond cosmique micro-ondes (CMB) et des galaxies, ou bien par son effet de lentille gravitationnelle. Pour pouvoir interpréter des mesures, en particulier à fin de discriminer entre des modèles, il est nécessaire d'avoir des descriptions quantitatives pour les observables qui décrivent des modèles à distinguer. Dans cette section j'explique ma contribution dans l'étude de ces questions, et plus généralement dans l'étude de la phénoménologie de l'énergie sombre.

Détermination non paramétrique de l'évolution de l'énergie sombre

Chaque contenu de l'Univers a une contribution dans l'équation de Friedmann qui détermine l'évolution du facteur d'expansion de l'Univers :

$$H^2(z) = \left(\frac{\dot{a}}{a}\right)^2(z) = \frac{8\pi G}{3}\sum_i \rho_i \qquad (2.75)$$

Alors, la mesure du taux d'expansion - la fonction de Hubble - et son évolution sont les moyens les plus directs pour comprendre les propriétés homogènes d'énergie sombre. Quand les divers contenus de l'Univers sont définis, le seul moyen de distinction entre eux est leur équation d'état w défini dans (2.10). Pour une constante cosmologique $w_{de} = -1$. Alors on peut considérer cette valeur comme un point critique, car comme on l'a discuté en détail dans la section 2.2.3, des modèles avec

2.2. Énergie sombre et théorie quantique de champs hors-équilibre

$w < -1$ à priori viole le théorème d'énergie nulle de la relativité générale, et donc doit être une valeur effective ou bien liés à un phénomène exotique comme un terme cinétique non standard. Pour cette raison, il est plus utile de mesurer le signe de $w+1$, c.à.d la direction de son déviation du point critique, que la valeur exacte de la déviation qui est moins crucial pour distinguer entre des modèles, et plus enclin et sensible aux erreurs de mesure. Le but des travaux rapportés dans [HZ-A 13], [HZ-C 7, 6] a été de trouver une méthodologie appropriée qui permet de déterminer le signe de $w+1$ de façon non paramétrique. L'expression *non paramétrique* dans la littérature du traitement du signal signifie : *Le teste d'une hypothèse nulle contre une alternative en utilisant une condition discrète comme un saut ou un changement du signe, au lieu de contraindre les hypothèses par la mesure d'un paramètre continu* (voir par exemple [106]). Alors, pour déterminer le signe de $w+1$ on a besoin d'une quantité qui soit proportionnelle à ce dernier, indépendamment des incertitudes des autres paramètres tant qu'elles sont inférieures à une limite raisonnable.

Dans un univers plat contenant la matière froide, la radiation, et l'énergie sombre, toutes traitées comme des fluides, la densité à redshift z peut être écrite comme :

$$\frac{\rho(z)}{\rho_0} = \Omega_m(1+z)^3 + \Omega_h(1+z)^4 + \Omega_{de}(1+z)^{3\gamma} \qquad (2.76)$$

où $\rho(z)$ et ρ_0 sont respectivement la densité totale à redshift z et à $z=0$, Ω_m, Ω_h et Ω_{de} sont respectivement la fraction de la matière froide, la radiation, et l'énergie sombre dans la densité totale à $z=0$. Pour une valeur de w constante (c.à.d. indépendant du z), $\gamma = w+1$ et on peut facilement démontrer que dans ce cas :

$$\mathcal{A}(z) \equiv \frac{1}{3(1+z)^2 \rho_0}\frac{d\rho}{dz} - \Omega_m = \gamma \Omega_{de}(1+z)^{3(\gamma-1)} \qquad (2.77)$$

Quand il y a des interactions entre les constituants de l'Univers, et donc les équation d'états dépendent de z, l'équation de Friedmann et $\mathcal{A}(z)$ peuvent être paramétrisés comme les suivants [HZ-A 4] :

$$\frac{H^2}{H_0^2} = \frac{\rho_c(z)}{\rho_{c0}} = \sum_i \Omega_i \mathcal{F}_i(z)(1+z)^{3\gamma_i}, \qquad i = m,\ b,\ h, k,\ \text{and}\ de \qquad (2.78)$$

$m =$ *matière noire froide*, $b =$ *baryons*, $h =$ *matière chaude (radiation)*,
$k =$ *coubure, et de* $=$ *énergie sombre*

$$\gamma(z) = \frac{1}{\ln(1+z)}\int_0^z dz' \frac{1+w(z')}{1+z'} \qquad (2.79)$$

$$\mathcal{B}(z) \equiv \frac{1}{3(1+z)^2 \rho_0} \frac{d\rho}{dz} = \frac{-(2\frac{dD_A}{dz} + (1+z)\frac{d^2 D_A}{dz^2})}{\frac{2}{3(1+z)^2}(D_A + (1+z)\frac{dD_A}{dz})^3}$$

$$= \sum_{i=m,h,k} \Omega_i \left(\gamma_i \mathcal{F}_i(z) + (1+z)\frac{d\mathcal{F}_i}{dz} \right)(1+z)^{3(\gamma_i-1)} +$$

$$\Omega_{de}(w(z)+1)(1+z)^{3(\gamma_{de}(z)-1)} \tag{2.80}$$

$$\mathcal{A}(z) \equiv \mathcal{B}(z) - \sum_{i=m,h,k} \Omega_i \gamma_i (1+z)^{3(\gamma_i-1)}$$

$$= \sum_{i=m,h,k} \Omega_i \left(\gamma_i (\mathcal{F}_i(z) - 1) + (1+z)\frac{d\mathcal{F}_i}{dz} \right)(1+z)^{3(\gamma_i-1)} +$$

$$\Omega_{de}(w(z)+1)(1+z)^{3(\gamma_{de}(z)-1)} \tag{2.81}$$

Il est clair que le signe de $\mathcal{A}(z)$ suit le signe de γ. De plus, considérant le fait que selon les observations $\gamma \approx 0$, l'exposant du terme z-dépendant dans le côté droit de (2.81) est toujours négatif. Ceci signifie que le maximum de $\mathcal{A}(z)$ est à $z \to 0$ où des données plus précises des bougies standards comme les supernovae type Ia sont disponibles. Un autre avantage d'utilisation de $\mathcal{A}(z)$ pour déterminer le signe de γ est le fait qu'à bas redshifts l'équation de Friedmann est insensible à la valeur de γ. En fait, en utilisant la définition de la distance de diamètre angulaire *(angular diameter distance)* $D_A(z)$, qui peut être mesuré tant des données de supernovae que des Oscillation Acoustiques des Baryon (BAO), l'équation de Friedmann peut être écrite comme :

$$\ln\left[\left(\frac{d}{dz}((1+z)D_A)\right)^{-1} - \Omega_m(1+z)^3 - \Omega_h(1+z)^4 - \Omega_K(1+z)^2\right] = \ln \Omega_{de} + 3\gamma(z)\log(1+z) \tag{2.82}$$

à petit redshifts le dernier terme du côté droit de (2.82) qui contient $\gamma(z)$ s'approche du zéro et son effet sur l'évolution de D_A devient négligeablement petit, indépendamment de la valeur de γ.

Quand $dw/dz \ll 3w(z)(w(z)+1)/(1+z)$, le signe de dA/dz est le même que le signe de $w(z)+1$. Cette condition est satisfaite aux redshifts bas - voir les exemples des modèles dans la figure 2.13. Alors, $A(z)$ est une fonction concave ou convexe de redshift, respectivement pour les valeurs positives et négatives de $w(z)+1$. Les observations montrent que les contributions de Ω_k et Ω_h à bas redshifts sont beaucoup plus petites que l'incertitude de Ω_m. La fonction dA/dz ne dépend pas de Ω_m. Ainsi, l'incertitude de la valeur de Ω_m peut changer la valeur de $A(z)$ mais il ne change pas sa pente et sa forme c.à.d. sa concavité ou convexité qui détermine le signe de γ est préservé. De plus, l'incertitude de H_0 modifie $\mathcal{B}(z)$ uniformément à tous les redshifts et ne change pas les propriétés géométriques de $\mathcal{A}(z)$. **Pour conclure, en ce qui concerne la détermination du signe de $w+1$, les fonctions $\mathcal{A}(z)$ et $\mathcal{B}(z)$ sont moins sensible aux incertitudes des paramètres cosmologiques que $H(z)$ et $D_A(z)$.**

2.2. Énergie sombre et théorie quantique de champs hors-équilibre 51

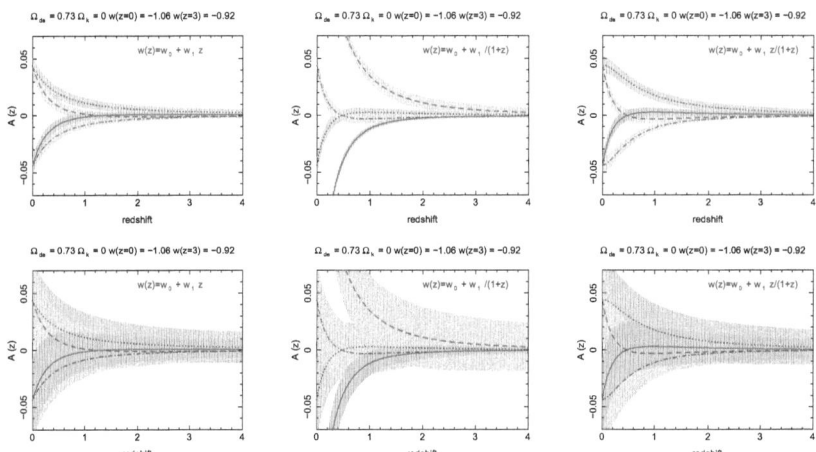

FIGURE 2.13 – $\mathcal{A}(z)$ en fonction de redshift. Pour voir dans quelle mesure $\mathcal{A}(z)$ peut distinguer entre des divers modèles et comment les erreurs systématiques et statistiques et la paramétrisation affectent le modèle reconstruit, nous considérons 3 paramétrisations différentes décrites sur chacune des figures ci-dessus. Il faut noter que les paramétrisations dans les figures centrale et à droite sont équivalentes à condition de redéfinir les coefficients w_0 et w_1. Il faut noter que les paramétrisation dans les présentations centrale et à droite sont équivalentes à condition de redéfinir les coefficients w_0 et w_1. Tous les exemples ont les mêmes valeurs de $w(z)$ à $z = 0$ et $z = 3$, puis les coefficients correspondants w_{0i} et w_{1i} où l'indice i veut dire initial. Alors, pour simuler des erreurs systématiques nous avons tracé les modèles suivants : $w_0 = -1 + |w_{0i} + 1|$, $w_1 = w_{1i}$ (pointillée), $w_0 = -1 - |w_{0i} + 1|$, $w_1 = -w_{1i}$ (tiret-pointillée), $w_0 = -1 + |w_{0i} + 1|$, $w_1 = -w_{1i}$ (tiret) et $w_0 = w_{0i}$ et $w_1 = w_{1i}$ (pleine). Les barres verticales colorées présentent des erreurs statistiques. L'incertitude de $\mathcal{A}(z)$ est $1\sigma_{\mathcal{A}(z=0)} = 0.01$ (premier rang) et $1\sigma_{\mathcal{A}(z=0)} = 0.05$ (deuxième rang) à $z = 0$ et se développe avec redshift comme $\sigma_{\mathcal{A}}(z) = \sigma_{\mathcal{A}}(z = 0)(1 + z)^2$. Il semble être possible de distinguer entre les modèles d'énergie sombre normaux et fantôme facilement si les incertitudes sont limitées à quelques pourcentages. Évidemment, réalisation d'une telle précision est difficile même pour des missions spatiales comme Euclid.

La figure 2.13 montre $\mathcal{A}(z)$ pour plusieurs modèles phénoménologiques d'énergie sombre et les paramétrisations de $w(z)$. Il est clair que pour les valeurs données de $\mathcal{A}(z)$ (ou des quantités semblables) à deux redshifts la conclusion sur manière d'évolution d'énergie sombre et ainsi le modèle sous-jacent dépend de la paramétrisation utilisée. Alors, il est préférable d'extraire $w(z)$ des données de façon non paramétrique, comme décrit en détail dans [HZ-A 4].

Estimation d'erreurs pour la détermination non paramètrique du signe :
La figure 2.14 montre la comparaison entre $\mathcal{A}(z)$ déterminée des données de supernovae avec les modèles d'énergie sombre ayant des valeurs positives et négatives pour $w+1$. L'inspection visuelle conclut clairement que les deux ensembles de données montrées dans cette figure sont compatibles avec $w+1 \lesssim 0$ dans l'intervalle $z \lesssim 0.5$. Cependant, des inspections visuelles ou même la mesure du signe d'inclinaison manquent une évaluation quantitative des incertitudes. Dans les littérature sur le traitement du signal une évaluation binomiale de la probabilité ou l'optimisation de détection [107] sont souvent utilisé pour évaluer des incertitudes. En fait, en traitant du signal, dans les plupart des cas pratiquement intéressants le signal est constant et les incertitudes sont dues au bruit. Mais dans le cas cosmologique discuté ici, l'observable $\mathcal{A}(z)$ contient du bruis et en mme temps varie avec la distance (redshift). Alors, la probabilité binomiale et des autres méthodes semblables ne sont pas appropriées. Pour cette raison dans [HZ-A 13] on a propose une autre stratégie qui est particulièrement adéquate pour des quantités cosmologiques.

L'hypothèse nulle pour l'énergie sombre est $\gamma = 0$, c.à.d ΛCDM. Considérons une distribution Gaussian pour l'incertitude de la reconstruction de $\mathcal{A}(z)$ des données réelles et des données simulées avec $\gamma = 0$, pour chaque point de données nous calculons la probabilité qu'il appartient à l'hypothèse nulle. Pour inclure l'incertitude des données, nous intégrons la distribution d'incertitude 1-sigma autour de sa valeur moyenne :

$$P_i = \frac{1}{\sqrt{2\pi(\sigma_{0i}^2 + \sigma_i^2)}} \int_{\mathcal{A}_i - \sigma_i}^{\mathcal{A}_i + \sigma_i} dx\, e^{-\frac{(x - \mathcal{A}_{0i})^2}{2(\sigma_{0i}^2 + \sigma_i^2)}} \qquad (2.83)$$

où $\mathcal{A}_i$ et σ_i appartiennent au i^{eme} données de et $\mathcal{A}^{0i}$ et σ_{0i} appartiennent au modèle d'hypothèse nulle simulé à même redshift. La pondération sur P_i détermine $\bar{P}$, une probabilité globale pour que l'ensemble des données correspond à l'hypothèse nulle. Comme $\gamma = 0$ est le cas de limite pour $\gamma > 0$, $\bar{P}$ est aussi la probabilité maximale de $\gamma > 0$.

Précision de discrimination entre les modèles : En utilisant la paramétrisation généralisée d'équation Friedmann (2.78), dans [HZ-A 4] on a démontré, avec des exemples explicites, que la discrimination entre la gravité modifiée et certaines catégories des modèles de quintessence est possible. Notamment, si les données sont

2.2. Énergie sombre et théorie quantique de champs hors-équilibre 53

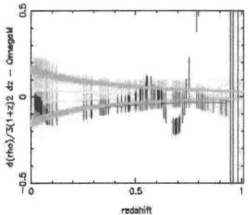
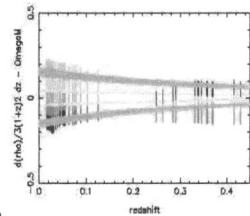

b

FIGURE 2.14 – Gauche : $\mathcal{A}(z)$ de 117 supernovae du relevé SNLS (violet). Les barres d'erreur montrent 1-sigma d'incertitude. Des courbes vertes, oranges, jaunes et vert clair sont la reconstruction de $\mathcal{A}(z)$ des simulations pour $\gamma = -0.2, -0.06, 0.6, le0.2$, respectivement. La probabilité d'hypothèse nulle ($\gamma = 0$) est $\bar{P} = 0.27$, donc la probabilité de $\gamma < 0$, $1 - \bar{P} = 0.73$. Des courbes grises claires et cyanes sont le calcul théorique incluant l'incertitude de Ω_{de}, respectivement pour $\gamma = \pm 0.06, \pm 0.2$. Pour tous les modèles $H_0 = 73$ km Mpc^{-1} sec^{-1} et $\Omega_{de} = 0.77$ et 5% d'erreurs pour chacun. Droit : $\mathcal{A}(z)$ pour les supernovae du relevé SNLS avec $z < 0.45$. La définition de courbes et des paramètres cosmologiques sont les même que ceux du gauche. Pour cet ensemble de données $1 - \bar{P} = 0.93$. Si $\Omega_{de} = 0.73$ est utilisé, $1 - \bar{P} = 0.96$.

analysées avec l'hypothèse nulle d'aucune interaction quand en réalité il y a une interaction dans le secteur sombre, les valeurs effectives de Ω_{de} et γ_{de} extrait des mesures de la fonction de Hubble $H(z)$ et de la fonction $\mathcal{A}$ n'seront pas les mêmes. Alors, pour détecter la signature minuscule d'une interaction dans le secteur sombre, au lieu d'effectuer des ajustements analytiques des données sur un grand nombre de paramètres, il est mieux de mesurer la différence entre les deux pairs des mesurables $(\Omega_{eff}^{(H)}, \gamma_{eff}^{(H)})$ et $(\Omega_{eff}^{(A)}, \gamma_{eff}^{(A)})$. à cette fin, une critère naturelle est :

$$\Theta(z) \equiv \frac{\Omega_{eff}^{(A)}(w_{eff}^{(A)}(z)+1)(1+z)^{3\gamma_{eff}^{(A)}(z)} - \Omega_{eff}^{(H)}(w_{eff}^{(H)}(z)+1)(1+z)^{3\gamma_{eff}^{(H)}(z)}}{\Omega_{eff}^{(H)}(w_{eff}^{(H)}(z)+1)(1+z)^{3\gamma_{eff}^{(H)}(z)}} \quad (2.84)$$

On peut expliquer cette quantité explicitement comme une fonction de Ω_i, $\mathcal{F}_i$, et γ_i. Le variable $\Theta(z)$ est zéro quand $F_i = 1$, $dF_i/dz = 0$. De plus, **cette expression peut être utilisé pour déterminer la sensibilité absolue d'un relevé à une interaction dans le secteur sombre, indépendamment des quantités mesurées et des méthodes de l'analyse des données.** Nous devons rappeler que beaucoup d'auteurs ont utilisé des quantités semblables au $\mathcal{A}(z)$ qui dépend à l'évolution de la fonction de Hubble dH/dz, voir par exemple [108]. Néanmoins, le travail présenté dans [HZ-A 13, HZ-C 7] est unique dans la proposition d'une méthode d'analyse de données non paramétriques pour distinguer entre des modèles de l'énergie sombre.

54 *2.2. Énergie sombre et théorie quantique de champs hors-équilibre*

Si l'on considère que Ω_m et Ω_h puissent être déterminé indépendamment et avec de très bonne précision, par exemple des anisotropies de CMB avec la marginalisation sur γ_{de}, la quantité Θ peut être déterminée de la mesure de $H(z)$ et $\mathcal{B}(z)$ en utilisant les données des grands relevés spectroscopique comme Euclid, ou les données des relevés multi-bandes photométriques comme DES.

Utilisation des données LSS pour discriminer entre les modèles d'énergie sombre

La figure 2.12 indique que la déviation du regroupement de la matière et le spectre de ses perturbations des prédictions de ΛCDM sont les signatures définitives d'interaction dans le secteur sombre. Ainsi, en plus de l'évolution du taux d'expansion discutée dans la section précédente, on doit utiliser des données des grande structures pour pouvoir distinguer entre ces modèles, ΛCDM et quintessence non interagissants. Cependant, la discrimination entre la gravité modifiée et la quintessence interagissante qui peuvent tous les deux être exprimés comme un modèle du champ scalaire n'est pas simple, et plus de critères sont nécessaires. Pour cette raison dans [HZ-A 4] en plus des études résumé dans la section précédente, j'ai examiné des propriétés des modèles de quintessence interagissante et de la gravité modifiée et leur différence, pour trouver de nouveaux critères de discrimination entre eux. De plus, j'ai suggéré une nouvelle paramétrisation des observables à cette fin. Je décrirai brièvement ces études dans cette section.

Discrimination selon le type d'interaction : Par définition, dans les modèles de la gravité modifiée on s'attend à ce que quand il est écrit dans le repère d'Einstein, le champ scalaire ait le même couplage à toutes l'espèce de matière. Cependant, comme on l'a expliqué avant, ces critères ne sont appropriés pour l'analyse de données des observations. C'est pourquoi nous proposons un autre critère. Mais avant l'expliquer, il faut passer en revue les méthodes phénoménologiques dont une interaction peut être présentée sans avoir besoin de connaître les détails microscopiques du modèle sous-jacent.

En présence d'interactions non gravitationnelle entre des constituants d'un modèle, le tenseur d'énergie-impulsion de chaque composant $T_i^{\mu\nu}$ n'est pas séparément conservé et l'équation de conservation peut être seulement écrite pour le tenseur d'énergie-impulsion total $T^{\mu\nu}$ défini comme :

$$T^{\mu\nu} \equiv \sum_i T_{i(free)}^{\mu\nu} + T_{int}^{\mu\nu} \qquad (2.85)$$

$$T^{\mu\nu}_{;\nu} = \sum_i T_{i(free)\ ;\nu}^{\mu\nu} + T_{int\ ;\nu}^{\mu\nu} = 0 \qquad (2.86)$$

2.2. Énergie sombre et théorie quantique de champs hors-équilibre 55

où $T^{\mu\nu}_{je(libre)((gratuit))}$ est le tenseur d'énergie-impulsion du composant i en absence d'interaction avec d'autres composants. Ceci signifie $T^{\mu\nu}_{je(free);\nu} = 0$ seulement si la valeur du champs et des variables dynamiques libres sont utilisées dans cette équation. Dans ce cas $\sum_i T^{\mu\nu}_{je(int);\nu} = 0$. Dans les théories perturbatives des champs, en particulier quand on étudie la dispersion des particules, on suppose que hors de la région d'interaction les particules sont libres et ce formalisme est applicable. Mais, en cosmologie il n'y a pas de *liberté asymptotique*, car nous vivons à l'intérieur de la région d'interaction. Dans la littérature sur les modèles d'énergie sombre interagissante (voir par exemple [?]) quand seulement deux constituants - la matière et l'énergie sombre - sont considérés, les équations de conservation d'énergie-impulsion sont d'habitude écrit comme :

$$T^{\mu\nu}_{m\ ;\nu} = Q^\mu, \quad T^{\mu\nu}_{\varphi\ ;\nu} = -Q^\mu \qquad (2.87)$$

pour un courant d'interaction Q^μ arbitraire. En comparant (2.86) et avec (2.87), il est clair que les tenseurs dans le côté gauche des équations dans (2.87) ne correspondent pas à ceux du modèle libre, et avec Q^μ ils sont obtenus par la division de (2.86) de façon arbitraire. En fait, les équations dans (2.87) sont inspirées des théorie perturbatives dans lesquelles pour chaque ordre de la perturbation, les côtés droits de ces équations sont évalués par utilisation des quantités d'un ordre de perturbation plus bas. Ainsi, ils constituent un ensemble itératif d'équations commençant de l'ordre zéro (libre) pour lequel $Q^\mu = 0$, jusqu'à des ordres plus hauts. Cette approche n'est pas appropriée pour l'énergie sombre où nous ignorons, non seulement ses interactions, mais aussi le modèle libre. Alors, au lieu de (2.87) nous utilisons l'expression générale suivante :

$$T^{\mu\nu}_{m\ ;\nu} = -Q^\mu_m, \quad T^{\mu\nu}_{\varphi\ ;\nu} = -Q^\mu_\varphi, \quad T^{\mu\nu}_{int\ ;\nu} = Q^\mu_m + Q^\mu_\varphi \qquad (2.88)$$

Dans ces équations les tenseurs d'énergie-impulsion de matière et d'énergie sombre $T^{\mu\nu}_m$ et $T^{\mu\nu}_\varphi$ ont la même expression qu'en absence d'interaction, mais par rapport des champs qui ne sont pas libres. Ces expressions peuvent être justifiées en considérant le Lagrangien. Dans le repère d'Einstein, le Lagrangien pour un système faiblement en interaction peut être divisé en parties libre et interaction :

$$\mathcal{L} = \sum_i \mathcal{L}_i + \mathcal{L}_{int} \qquad (2.89)$$

En considérant seulement des interactions locales, dans l'équation dynamique pour chaque champ, la dérivée partielle du $\mathcal{L}_{int}$ par rapport au champ détermine le terme d'interaction. Les équations dynamiques peuvent être liées aux équations de conservation d'énergie-impulsion (2.87) [HZ-A 22]. Ainsi, les courants d'interaction Q^μ_m et Q^μ_φ sont produits par les dérivées partielles de $\mathcal{L}_{int}$ par rapport aux champs interagissants corresponds.

Chapitre 2. Exposé synthétique des recherches

Le champ scalaire dans les modèles de gravité modifiées du type scalaire-tenseur est lié à un dilaton. Par conséquent, le terme d'interaction dans ces modèles est proportionnel à la trace de la matière qui apparaît dans le Lagrangien toujours avec le métrique. Dans ce cas, il n'y a aucune interaction entre le champ scalaire et la matière relativiste et on peut démontrer que $Q_m^\mu = -Q_\varphi^\mu$ [109] et $T_{int\ ;\nu}^{\mu\nu} = 0$. Alors, le courant d'interaction Q^μ pour ces modèles peut être écrit comme :

$$Q^\mu = \mathcal{C}(\varphi) T_m \partial^\mu \varphi \qquad (2.90)$$

où $T_m = g_{\mu\nu} T_m^{\mu\nu}$ est la trace du tenseur d'énergie-impulsion. Dans la littérature sur les modèles d'énergie sombre interagissante souvent l'expression du courant d'interaction semble à (2.90). Donc, nous classifions des modèles avec ce type d'interaction comme la gravité modifiée. Dans les modèles de quintessence interagissants, l'interaction peut être plus diverse, notamment il peut dépendre du type de matière. Ci-dessous nous présentons une description phénoménologique pour eux sans considérer les détails du modèle sous-jacent.

Dans la théorie quantique des champs, les interactions peuvent être facilement incluses dans le Lagrangien du modèle. Mais cette approche est normalement utile si la microphysique du modèle est étudiée. Pour pouvoir comparer les modèles avec les données, dans la cosmologie observationnelle on a besoin des descriptions macroscopiques. Pour cette raison, souvent on utilise une description en terme des fluide pour les champs. La transformation du Lagrangien écrit par rapport aux champs en une description par rapport aux fluides est facile, et le tenseur d'énergie-impulsion des interactions peuvent être aussi décrites par rapport aux fluides sans aucune ambiguïté. Cependant, leurs descriptions en fonction de des densité et des pressions des fluides dépenderont en détails des interactions. Par exemple, une interaction semblable à Higgs entre un scalaire et un fermion $\propto \varphi \bar\psi \psi$ est décrite comme $\propto (\rho_\psi - P_\psi)(\rho_\varphi - P_\varphi)^{1/2}$ si $V(\varphi) \propto \varphi^2$ et comme $\propto (\rho_\psi - P_\psi)(\rho_\varphi - P_\varphi)^{1/4}$ si $V(\varphi) \propto \varphi^4$. Donc, quand l'objectif est d'avoir une paramétrisation général des interactions sans considérer les détails du modèle sous-jacent, ce type de description n'est pas très approprié.

Une description macroscopique du Lagrangien seul n'est pas suffisante pour inclure des processus microscopiques qui ont besoin de l'équation de Boltzmann. En fait, il est bien connu que l'équation de Boltzmann joue le rôle d'intermédiaire entre la description quantique et classique des systèmes en interaction. Les espèces sont décrites par leur distribution dans l'espace de phase $f(p,x)$ où p et x sont respectivement l'impulsion et les coordonnées spatio-temporelles. Les interactions sont incluses comme des termes de collision, et en utilisant les propriétés de l'opérateur de Boltzmann, on peut obtenir les équations de conservation d'énergie-impulsion et du nombre directement, voir par exemple [110]. En ce qui concerne les modèles d'énergie sombre interagissante, les exemples les plus simples des termes de collision sont la dispersion élastique entre la matière noire et l'énergie sombre, et la désintégration

2.2. Énergie sombre et théorie quantique de champs hors-équilibre

lente de matière noire avec un petit branchement à l'énergie sombre, similaire au modèle expliqué dans la section 2.2.3 [2]. Finalement, après quelques approximations et simplifications, on trouve les expressions suivantes pour les interactions entre l'énergie sombre et la matière noire :

$$T^{\mu\nu}_{m\ ;\nu} \approx -L_m n^\mu_m + A_{ms} n^\mu_m u_{\varphi\rho} n^\rho_\varphi \equiv Q^\mu_m \quad (2.91)$$

$$T^{\mu\nu}_{\varphi\ ;\nu} \approx L_\varphi n^\mu_m + A_{\varphi s} n^\mu_\varphi u_{m\rho} n^\rho_m \equiv Q^\mu_\varphi \quad (2.92)$$

où les constantes L_i et A_{est} sont respectivement la largeur de désintégration et l'amplitude de dispersion pour l'espèce i. Dans le reste de cette section on utilisera ces équations comme une approximation pour des équations de conservation d'énergie-impulsion sans tenir compte du type de matière noire (son spin) et les détails d'interaction entre deux composants sombres. Ces détails affectent les constantes L_i et A_{est} qui sont utilisé comme des paramètres. On peut aussi ajouter le terme d'annihilation de matière noire à (2.91). Mais, il est proportionnel à $|n_m|^2$ et son effet est significatif seulement dans des régions denses et aux petites échelles spatiale, comme par exemple la région centrale des halos de matière noire. Ces régions sont dans le régime non linéaire et n'ont pas été étudiés dans [HZ-A 4].

Paramètres de cosmologie homogène dans les modèles d'énergie sombre interagissante : Maintenant que nous avons des termes d'interaction pour les deux classes principales des modèles d'énergie sombre interagissante, nous pouvons déterminer les paramètres $\mathcal{F}_i$ définis dans (2.78).
— **Gravité Modifiée :** En utilisation l'équation de conservation d'énergie-impulsion (2.88) et le courant d'interaction pour des modèles de gravité modifiée, l'équation du champs scalaire et l'équation d'évolution de la densité de matière homogène sont déterminées [109] :

$$\bar{\varphi}'' + 2\mathcal{H}\bar{\varphi}' + a^2 V_\varphi(\bar{\varphi}) = a^2 \mathcal{C}(\bar{\varphi}) \sum_i (\bar{\rho}_i - 3\bar{P}_i), \quad \mathcal{H} = \frac{a'}{a} \quad (2.93)$$

$$\bar{\rho}'_i + 3\mathcal{H}(\bar{\rho}_i + \bar{P}_i) = \mathcal{C}(\bar{\varphi})\bar{\varphi}'(\bar{\rho}_i - 3\bar{P}_i) \quad i = m,\ b,\ h \quad (2.94)$$

où les quantités avec barre sont des composants homogènes et φ dans l'indice signifie la dérivée par rapport à φ. Il faut noter que nous avons généralisé le calcul original dans [109] en considérant un dépendance en φ pour le coefficient $\mathcal{C}(\bar{\varphi})$ dans le côté droit de ces équations au lieu de la valeur constante $\mathcal{C} = \sqrt{4\pi G/3}$ pour le modèle f(R) [109]. Les équations (2.93) et (2.94) sont corrélées et une solution analytique ne peut pas être trouvée sans considérer

---
2. Dans des modèles où l'énergie est transférée de l'énergie sombre à la matière noire, l'interaction doit être non linéaire et très sophistiquée de tel manière qu'un champ de quintessence très léger peut produire des particules de matière noire massives. à présent aucune description fondamentale des interaction dans ces modèles n'est disponible.

explicitement $V(\varphi)$. Alors, pour résoudre l'équation pour $\bar{\rho}$, qui est en réalité la seul quantité directement observable, nous considèrons simplement le côté droit de l'équation comme une source dépendante du temps. La solution d'équation (2.94) peut être écrite comme :

$$\bar{\rho}_i(z) = \bar{\rho}_i(z_0)(1+z)^{3(1+w_i)} e^{(1-3w_i)F(\bar{\varphi})}, \quad F(\varphi) \equiv \int \mathcal{C}(\bar{\varphi})d\varphi, \quad i = m,b,h \tag{2.95}$$

où $w_i \equiv \bar{P}_i/\bar{\rho}_i$ pour toutes les espèces sauf l'énergie sombre sont considérés d'être constant. Comparant cette solution avec (2.78), on trouve :

$$\mathcal{F}_i(z) = e^{(1-3w_i)F(\bar{\varphi}(z))} \approx 1 + (1-3w_i)F(\bar{\varphi}(z)) \tag{2.96}$$

— **Modèles de quintessence interagissants :** De la même façon, nous pouvons déterminer les coefficients $\mathcal{F}_i$ pour la quintessence-(interagissante) en utilisant l'équation (2.91). Après quelques approximations qui sont discutées en détail dans [HZ-A 4], l'équation d'évolution des densités dans les modèles de quintessence interagissants devient :

$$\bar{\rho}_i' + 3\mathcal{H}(\bar{\rho}_i + \bar{P}_i) = -L_i a\bar{\rho}_i + A_{si}a\bar{\rho}_i\bar{\rho}_\varphi \tag{2.97}$$

où i indique des espèces de matière froide ou relativiste qui interagissent avec le champ de quintessence. Une différence explicite entre le terme d'interaction dans (2.97) et (2.94) est le fait que le premier ne dépend pas explicitement du champ scalaire, et donc on n'a pas besoin de savoir et résoudre une équation du champs semblable à (2.93). La solution de cette équation et les $\mathcal{F}_i$'s correspondants sont :

$$\bar{\rho}_i(z) = \bar{\rho}_i(z_0)(1+z)^{3(1+w_i)}\exp\left(L_i(\tau(z)-\tau(z0)) + A_{si}\int dz \frac{\bar{\rho}_\varphi(z)}{(1+z)H(z)}\right) \tag{2.98}$$

$$\mathcal{F}_i(z) = \exp\left(-L_i(\tau(z)-\tau(z_0)) + A_{si}\int dz \frac{\bar{\rho}_\varphi(z)}{(1+z)H(z)}\right)$$

$$\approx 1 + L_i(\tau(z_0)-\tau(z)) + A_{si}\int_{z_0}^z dz \frac{\bar{\rho}_\varphi(z)}{(1+z)H(z)} \tag{2.99}$$

où $\tau(z)$ est l'âge de l'Univers à redshift z. Il faut noter que même en absence d'expansion, la densité de matière noire à haut redshifts (des grande distances de nous) est plus haute si $L_i > 0$.

Avec la relation de consistance expliquée ci-dessus pour les modèles de gravité modifiée, la dépendance explicite de (2.99) aux quantités mesurables $\bar{\rho}_\varphi(z)$ et $H(z)$ à priori permet de distinguer entre des modèles de quintessence interagissants et les modèles de la gravité modifiée. Cependant, une connaissance antérieure de l'évolution de ces quantités est obligatoire pour distinguer le modèle sous-jacent et sans de telles informations on ne peut identifier aucun modèle.

2.2. Énergie sombre et théorie quantique de champs hors-équilibre

Nouvelle paramétrisation des perturbations pour les modèles d'énergie sombre interagissante : Les critères proposés dans cette section pour distinger entre la gravité modifiée et les modèles de quintessence interagissants sont basés sur les interactions. Alors, on s'attend une différence entre l'évolution des anisotropies de la matière et la densité d'énergie sombre dans ces modèles. En fait, si nous pourrions décomposer le courant d'interaction aux termes proportionnels aux perturbations de métriques scalaires et des fluctuations de densité de la matière, il était possible de discriminer ces modèles facilement. Cependant, dans la pratique les quantités mesurables sont le spectre de puissance des anisotropies et son taux de croissance $\mathbf{f}(z, k)$ définies comme :

$$\mathbf{f}(z,k) \equiv \frac{d \ln D}{d \ln a} = \frac{\delta'_m}{\mathcal{H} \delta_m}, \quad D \equiv \frac{\delta_m(z,k)}{\delta_m(z=0,k)} \tag{2.100}$$

La fonction $\mathbf{f}(z, k)$ est normalement extraite du spectre de puissance en utilisant un modèle [111], par exemple une loi de puissance pour le spectre primordial, modifiée pour inclure l'effet de Kaiser et les distortions en redshift dus à la dispersion du vitesse.

Pour obtenir l'équation d'évolution de $\mathbf{f}(z, k)$, nous remplaçons des potentiels gravitationnels ψ et ϕ par des expressions dépendantes seulement aux $\delta_m \equiv \delta \rho_m / \bar{\rho}_m$ et $\theta_m \equiv i k_j v^j_{(m)}$. Supposons un cisaillement anisotropique négligeable à $z \lesssim \mathcal{O}(1)$ qui concerne des relevés des galaxies, des perturbations de métriques scalaires ψ et ϕ peuvent être déterminées à partir d'équations d'Einstein :[3]

$$ds^2 = a^2(\eta)\left[(1+2\psi)d\eta^2 - (1-2\phi)\delta_{ij}dx^i dx^j\right] \tag{2.101}$$

$$\phi = \psi = \frac{4\pi G \bar{\rho}_m}{k^2}\left(\delta_m + 3(1+w_m)\frac{\mathcal{H}\theta_m}{k^2}\right) + \Delta\psi \tag{2.102}$$

$$\phi' = -\frac{4\pi G \bar{\rho}_m \mathcal{H}}{k^2}\left(\delta_m + (3+\frac{k^2}{\mathcal{H}^2})(1+w_m)\frac{\mathcal{H}\theta_m}{k^2}\right) + \Delta\phi' \tag{2.103}$$

$$\tag{2.104}$$

Dans (2.102) et (2.103) les termes qui disparaissent pour le modèle ΛCDM sont inclus dans $\Delta\psi$ et $\Delta\phi'$. Ils peuvent être décrits comme une fonction de deux nouvelles quantités ϵ_0 et ϵ_1 :

$$\epsilon_0 \equiv \frac{\delta \rho_\varphi}{\bar{\rho}_m}, \quad \epsilon_1 \equiv \frac{\mathcal{H}(\bar{\rho}_\varphi + \bar{P}_\varphi)^{\frac{1}{2}} \delta\varphi}{\bar{\rho}_m} \tag{2.105}$$

$$\Delta\psi = \frac{4\pi G \bar{\rho}_m}{k^2}(\epsilon_0 - 3\epsilon_1), \quad \Delta\phi' = -\frac{4\pi G \bar{\rho}_m \mathcal{H}}{k^2}\left(\epsilon_0 - (3+\frac{k^2}{\mathcal{H}^2})\epsilon_1\right) \tag{2.106}$$

---

[3]. Dans cette section pour simplifier la notation nous considérons que les facteurs $\mathcal{F}_i$'s pour des espèces sont inclus dans w_i's, c.à.d. $(1+z)^{3\gamma_i}\mathcal{F}_i$ est redéfini comme le $(1+z)^{3\gamma_i(z)}$ et w_i est obtenu de (2.79) en utilisant γ_i redéfini. Alors, pour des modèles d'énergie sombre avec interaction w_m est non zéro et en général dépend de redshift.

Après le remplacement de ϕ' et ψ dans l'équation d'évolution de matière et des perturbations de vitesse, nous pouvons déterminer l'évolution du taux de croissance qui peut être directement mesuré de la distribution des galaxies :

$$\mathbf{f}'\mathcal{H} + \mathbf{f}(\mathcal{H}' + \mathcal{H}^2) + \mathbf{f}^2\mathcal{H}^2 + 3(C_{sm}^2 - w_m)(\mathcal{H}' + \mathbf{f}\mathcal{H}^2) + 3(C_{sm}^2 - w_m)\mathcal{H}^2 + \frac{3}{2}\Omega_m(1+w_m)^2\mathcal{H}^2 + k^2 C_{sm}^2 + E_0 \mathbf{f}\mathcal{H} + E_1 k^2 + E_2 \mathcal{H} + E_3 \mathcal{H}^2 + E_4 = 0$$
(2.107)

Les coefficients E_0, E_1, E_2, E_3, E_4 dépendent de z, k, l'équation d'état de la matière, la vitesse du son et des paramètres liés à l'interaction dans le secteur sombre. Les détails de leurs expressions peuvent être trouvés dans [HZ-A 4]. Pour le modèle ΛCDM $E_i = 0$, $i = 0, \cdots, 4$. Pour les modèles de quintessence non interagissante tous les coefficients E_i sont zéro sauf E_3. Une différence notable entre la gravité modifiée et les modèles de quintessence interagissants est le coefficient E_1 qui est strictement zéro pour des modèles d'énergie sombre avec interaction et non zéro pour la gravité modifiée qui laisse une signature dépendante d'échelle supplémentaire sur l'évolution des anisotropies de la matière. L'autre terme explicitement dépendant d'échelle est commun entre tous les modèles et on s'attend qu'il soit très petit. Il est proportionnel au carré de la vitesse du son qui est très petite pour la matière froide. De plus, au contraire des autres E_i, les coefficients E_1 et E_3 sont sans dimensions. Évidemment, la contribution de $E_1 k^2$ dans l'équation (2.107) par rapport aux autres termes augmentations avec k, c.à.d. aux distances plus courtes. Mais, les effets non linéaires, par exemple le couplages des modes augmentent aussi à grand k. Ils peuvent imiter une interaction dans le secteur sombre et mener à l'interprétation erronée des données. C'est pourquoi, les simulations montrent que l'observation des amas de galaxies est un bon discriminateur entre les modèles d'énergie sombre [112], car ils sont encore près du régime linéaire, mais présentent des k relativement grands.

La qualité de distinction d'un relevé peut être évaluée par la précision de mesures de E_1 et E_3. Cependant, on s'attend à des dégénérescences quand l'équation (2.107) est analytiquement ajustée pour déterminer E_i's. De plus, dans des relevés des galaxies, $\mathbf{f}$ et $\mathbf{f}'$ (ou plus exactement $d\mathbf{f}/dz$) sont déterminé a partir de la mesure du spectre de puissance qui lui-même est déterminer de la distribution des galaxies, et $\mathcal{H}$, et $\mathcal{H}'$ sont calculés à partir de l'effet de BAO sur le spectre. Ainsi, ces mesures ne sont pas complètement indépendantes. Alors, une mesure indépendante de $\mathcal{H}$ et $\mathcal{H}'$ en utilisant par exemple les supernovae aidera à réduire des dégénérescences et la propagation d'erreur des quantités mesurées à l'évaluation de E_i's. La relation entre le $\mathcal{H}'$ et $B(z)$ montre le rapport logique de la paramétrisation de la cosmologie du fond et l'évolution des fluctuations, en particulier en ce qui concerne la discrimination entre les modèles d'énergie sombre. En fait, les anisotropies dépendent à l'équation d'état de la matière, qui dans le contexte des modèles d'énergie sombre interagissante, est modifié par son interaction avec cette dernière. Ainsi, leurs mesures indépendantes optimisent leur emploi dans la procédure de discrimination entre des divers modèles.

2.2. Énergie sombre et théorie quantique de champs hors-équilibre

Interprétation et comparaison avec des autres paramétrisations La définition des paramètres ϵ_0 et ϵ_1 dans (2.105) montre que le premier dépend seulement des anisotropies de la densité d'énergie sombre et le deuxième seulement de la vitesse propre du champ de l'énergie sombre, c.à.d. sa cinématique. Ils se suivent étroitement et s'approchent du zéro quand le champ s'approche de sa valeur minimale. Cependant, leur exposant près du minimum dépend de l'interaction. Alors, leurs mesures nous informent sur le potentiel et les interactions du champ scalaire. De plus, la différence entre la dépendance de l'équation d'évolution des anisotropies et le facteur de croissance à ces paramètres, montre que seulement par la séparation du cinématique et la dynamique d'énergie sombre il serait possible de distinguer entre la gravité modifiée et d'autres modèles des champs scalaires.

La déviation des potentiels de gravité ϕ et ψ de leur valeur dans ΛCDM $\Delta\psi$ est la quantité qui peut être mesurée directement des données du cisaillement gravitationnel. Pour cette raison, certains auteurs ont utilisé $\Delta\psi$ pour paramétriser la déviation des modèles et des données de ΛCDM [113]. Cependant, les équations (2.102) et (2.106) montrent que **bien que un $\Delta\psi \neq 0$ soient par définition une signature de déviation du modèle ΛCDM, au contraire des réclamations dans la littérature, ceci n'est pas nécessairement la signature de la gravité modifié parce que des modèles de quintessence, tant en interaction que sans, incitent aussi $\Delta\psi \neq 0$.**

Parce que nous avons utilisé le repère d'Einstein tant pour la quintessence que pour les modèles de gravité modifiée, en absence de cisaillement anisotropique $\phi = \psi$ même pour des autres modèles que ΛCDM. à l'ordre linéaire l'effet du cisaillement gravitationnel dépend du potentiel total $\Phi \equiv \phi + \psi$. Donc, dans le repère d'Einstein :

$$\Phi = 2\phi = 2\psi = \Phi_{\Lambda\text{CDM}} + 2\Delta\psi, \qquad \Phi_{\Lambda\text{CDM}} \equiv \frac{4\pi G \bar{\rho}_m}{k^2}\left(\delta_m + 3(1+w_m)\frac{\mathcal{H}\theta_m}{k^2}\right) \equiv \frac{4\pi G \bar{\rho}_m}{k^2 \Delta_m} \quad (2.108)$$

Dans la notation de [113] $\Phi = 2\Sigma\Phi_{\Lambda\text{CDM}}$, ainsi :

$$\Sigma = 1 + \frac{\Delta\psi}{\Phi_{\Lambda\text{CDM}}} = \frac{\epsilon_0 - 3\epsilon_1}{k^2 \Delta_m} \quad (2.109)$$

L'autre quantité qui affecte l'évolution du cisaillement et dépend directement de la cosmologie est le facteur de croissance des anisotropies de la matière qui détermine l'évolution de Δ_m défini dans (2.108). Cette quantité peut être obtenue de l'intégration du taux de croissance **f** défini dans (2.100) et souvent il est paramétrisé comme Ω_m^γ. Pour ΛCDM $\gamma \approx 0.55$ [114]. à cet égard il n'y a aucune différence entre notre formulation et ce qui est utilisé dans la littérature.

Notre paramétrisation peut être reliée aux paramètres η et Q utilisés dans la littérature [113] : $\eta \equiv (\psi - \phi)/\phi$ et $Q = \phi/\phi_{\Lambda\text{CDM}}$. Ainsi, les paramètres Σ et η ne sont pas indépendant et $\Sigma = Q(1 + \eta/2)$. Dans le repère d'Einstein $\eta = 0$ à moins qu'il y ait des anisotropies du cisaillement. à première vue il semble qu'il y a moins d'informations dans le repère d'Einstein de la gravité modifiée que dans le repère de Jordan. Cependant, il faudrait remarquer que dans le repère d'Einstein les paramètres fondamentaux sont ϵ_0 et ϵ_1 et d'autres quantités comme $\Delta\psi$ et $\mathbf{f}$ peuvent être exprimées par rapport d'eux. Donc, la quantité d'informations dans les repères d'Einstein et de Jordan de la gravité modifiée est égale. L'avantage de la formulation dans le repère d'Einstein et utilisation des paramètres ϵ_0 et ϵ_1 consiste au fait qu'ils peuvent être appliqués tant pour la quintessence que pour la gravité modifiée. De plus, ils ont les interprétations physiques explicites qui peuvent être facilement liées au modèle sous-jacent d'énergie sombre. La comparaison de notre paramétrisation avec quelques autres proposés récemment peut être trouvée dans [HZ-A 4]. A notre connaissance il n'y a pas de paramétrisation du taux de croissance des anisotropies comparable avec les coefficients E_i existe dans la littérature.

Résumé

Nous avons proposé un formalisme non paramétrique pour déterminer le signe de $w+1$ dans l'équation d'état d'énergie sombre qui a une importance cruciale pour la discrimination entre une constante cosmologique, les modèles de quintessence et l'énergie sombre fantôme. Nous avons démontré que ce formalisme est un meilleur discriminateur et moins sensible aux incertitudes des autres paramètres cosmologiques et le bruit dans les données que les procédures d'ajustement analytique des paramètres continues.

Nous avons paramétrisé l'évolution les composants homogènes et les perturbations du contenu de l'Univers pour la gravité modifiée et des modèles de quintessence interagissants. Nous avons démontré que quand l'interaction est ignorée dans l'analyse de données, la valeur effective des paramètres ne sont pas les mêmes que si on les extrait de l'équation de Friedmann ou bien d'une fonction proportionnelle à l'évolution en redshift de la densité totale. Nous avon défini une quantité qui évalue l'amplitude de l'interaction. L'incertitude de son observation peut être utilisée pour évaluer la qualité des relevés cosmologiques par leur aptitude de discrimination entres des modèles d'énergie sombre. De plus, nous avons obtenu une nouvelle description paramétrique d'équation d'évolution du taux de croissance des anisotropies de la matière qui peut être utilisée pour distinguer entre ΛCDM, la gravité modifiée et les modèles de quintessence interagissants.

2.2.6 Une note sur la contre-réaction des perturbations comme l'origine de l'énergie sombre

Dans la figure 2.1 il y a un ensemble séparé des modèles appelés *l'énergie sombre comme contre-réaction*. Leur aspect commun est l'idée d'associer l'expansion accélérante de l'Univers pas à un nouveau type de énergie, mais à la contre-réaction des anisotropies de la distribution de matière ne pas être correctement prise en compte dans des modèles cosmologiques [115, 116]. Beaucoup d'auteurs ont fait des remarques contre ces modèles, voir par exemple [117]. J'ai aussi une petite contribution comme une note qui est seulement soumis à arXiv.org et contient un résumé non technique des principaux arguments contre la possibilité d'un assez grande contre-réaction qui puisse expliquer l'observation de la contribution dominante d'énergie sombre dans l'expansion de l'Univers [HZ-C 3] (voir aussi la liste de présentations orales).

Notre argument contre les réclamations de [115] est très simple. L'amplitude très petites des anisotropies du CMB, qui présente la plus grande échelle accessible aux sondes électromagnétiques, prouve que aux grandes échelles la déviation d'homogénéité de la distribution de matière et d'énergie est très petite. Dans ce cas pour déterminer le taux d'expansion moyen de l'Univers nous pouvons étendre les deux côtés des équations d'Einstein par rapport à l'échelle de fluctuations (ou au spectre dans l'espace Fourier) :

$$\langle G^{(0)}_{\mu\nu}\rangle = 8\pi G \langle T^{(0)}_{\mu\nu}\rangle + 8\pi G \langle T^{(1)}_{\mu\nu} + T^{(2)}_{\mu\nu} + \ldots\rangle - \langle G^{(1)}_{\mu\nu} + G^{(2)}_{\mu\nu} + \ldots\rangle \quad (2.110)$$

Il est crucial de remarquer que par définition dans cette expression :

$$\langle \mathbf{T}_{\mu\nu}\rangle = \mathbf{T}^{(0)}_{\mu\nu} \qquad \text{or} \qquad \langle \mathbf{G}_{\mu\nu}\rangle = \mathbf{G}^{(0)}_{\mu\nu} \quad (2.111)$$

La validité d'une des conditions dans (2.111) est nécessaire, car on a besoin d'un point de référence par rapport auquel on détermine la déviation de l'homogénéité. Nous avons présenté les deux relations, car leur application dépend de la quantité physique mesurée. La première condition est appliquée quand la distribution de la matière est observée. La deuxième doit être appliquée quand le taux d'expansion c.à.d. la géomètrie de l'Univers est mesuré. Considérant des déviations de homogénéité perturbatives :

$$\mathcal{K}_{\mu\nu} \equiv 8\pi G \langle T^{(1)}_{\mu\nu} + T^{(2)}_{\mu\nu} + \ldots\rangle \sim \mathcal{O}(\epsilon) \to 0, \qquad \mathcal{K}^{\mu}_{\mu} \sim \delta \equiv \frac{\delta\rho}{\rho} \ll 1 \quad (2.112)$$

$$\langle G^{(0)}_{\mu\nu} + G^{(1)}_{\mu\nu} + \ldots\rangle = 8\pi G \langle T^{(0)}_{\mu\nu} + T^{(1)}_{\mu\nu} + \ldots\rangle \quad (2.113)$$

L'expression (2.112) est la condition nécessaire pour une expansion perturbative et son applicabilité ici est en accord avec des observations. En considèrant la relation (2.111) et la définition mathématique d'une expansion perturbative, les termes du même ordre dans les deux côtés de l'équation (2.113) doivent être égaux. Dans cette formulation l'erreur faite en considérant l'égalité des termes d'ordre zéro dans (2.113) est au plus de l'ordre de $\delta \ll 1$. Alors il ne peut pas expliquer une énergie sombre d'environ 2.5 fois plus grande que la totalité de la matière observée.

Cependant, dans [115] (par exemple l'équation (10) dans [hep-ph/0409038]) la condition (2.111) est violée :
$$G^{(0)}_{\mu\nu} = 8\pi G \langle T_{\mu\nu}\rangle - \langle G^{(1)}_{\mu\nu}\rangle. \tag{2.114}$$
Dans cette expansion il n'est pas clair comment des termes perturbatives sont liés aux quantités non perturbatives. Évidemment, dans ce cas il serait toujours possible de choisir *les termes perturbatives* de tel matière que le terme $\langle G^{(1)}_{\mu\nu}\rangle$ soit assez grand pour expliquer l'accélération de l'Univers. Un point incertain de ces arguments est l'effet du volume limité des observations qui au maximum est aussi grand que l'horizon. En insistant sur cette question, il a été revendiqué que les modes super-horizons peuvent expliquer l'expansion accélérante apparente. De plus, parce qu'aux petites échelles $\delta \gg 1$, certains auteurs [116] ont prétendu que l'apparente expansion accélérante peut être due aux erreurs incitées dans le calcul des valeurs moyennes des anisotropies aux échelle plus petites que le horizon.

La valeur moyenne d'une quantité scalaire arbitraire $\psi(X,t)$ dans un volume du temps constant V_D est définie comme [116] :
$$\langle \psi \rangle_D \equiv \frac{1}{V_D} \int_{V_D} d^3 X J \psi, \qquad J = \sqrt{|\det g_{ij}|}, \qquad V_D \equiv \int_{V_D} d^3 X J \tag{2.115}$$
Un volume limité a donc l'effet d'une fonction de fenêtre sphérique et la valeur moyenne des anisotropies peut être écrite comme :
$$\langle \delta^2 \rangle_D = \int_{V_D} d^3 x J \delta^2(x) = \int d^3 k P(k) sinc(k_i x_D^i) \tag{2.116}$$
$$\Delta \equiv \langle \delta^2 \rangle_D - \langle \delta^2 \rangle_\infty = \int d^3 k P(k) sinc(k_i x_D^i) - P(k=0) \tag{2.117}$$
où x_D^i est une échelle de taille caractéristique du volume V_D dans la direction x^i. Par exemple pour un cube parallèle aux axes des coordonnées, c'est la longueur du bord parallèle à l'axe i. Quand le spectre des inhomogénéités est indépendant d'échelle, et en considérant les propriétés de la fonction *sinc*, on peut conclure que la contribution des modes $k \gg 1/x_D$ c.à.d. des inhomogénéités aux échelles beaucoup plus petite que X_D est négligeable. En fait dans [116] il est prouvé que seulement dans un univers avec une grande courbure ces modes peuvent inciter un assez grand terme constant semblable à l'énergie sombre.

La contribution de chaque mode dans l'intervalle $0 < k < 1/X_D$ est proportionnelle à $1/k$. Alors, dans le cas d'un spectre indépendant d'échelle où la valeur moyenne statistique de $\delta(k)$ est indépendant du mode, l'intégral sur ces modes après la renormalisation de divergence IR est un terme logarithmique sous-dominant $\propto \log x_D^{-1}$

2.2. Énergie sombre et théorie quantique de champs hors-équilibre

qui dans un univers inflationnaire avec $x_D \to \infty$ est très petit. Ceci confirme les résultats de [117] et montre que le côté droit de :

$$\langle \partial_t \delta \rangle_D - \partial_t \langle \delta \rangle_D = \langle \theta \delta \rangle_D - \langle \theta \rangle_D \langle \delta \rangle_D \qquad (2.118)$$

qui a été revendiqué comme l'origine d'expansion accélératante apparente, est très proche du zéro. Donc, la supposition de commutation entre le moyen dans le temps et le moyen dans l'espace est une bonne approximation. En effet, la différence entre l'intégration sur un volume fini et sur un volume infini diminue avec l'expansion de l'Univers, ce qui est au contraire du comportement de l'énergie sombre qui devient plus dominante avec le temps. Il faut noter que cette argument est basé seulement sur les propriétés statistiques des inhomogénéités et ne dépend pas de l'amplitude des perturbations. Beaucoup d'auteurs ont effectué des démonstrations longues et détaillées pour montrer que l'effet du contre-réaction est petit. Néanmoins, nous pensons que (2.114) est l'origine de la confusion et falsifie tous les calculs basés sur cette expansion ambiguë. Ce point a été remarqué par d'autres auteurs aussi, voir par exemple [118].

2.2.7 Conclusion

Dans cette section j'ai présenté ma recherche sur les aspects divers de l'origine de l'expansion accélérante de l'Univers appelée généralement l'énergie sombre. En considérant le problème au point de vue tant mécanique fondamental et quantique que classique, j'ai démontré que certaines des explications suggérées comme par exemple l'énergie du vide ou bien contre-réaction des anisotropies ont des difficultés sérieuses pour être la cause du phénomène observé. à cette fin j'ai proposé un nouvel état du vide pour les théories quantiques des champs qui est indépendant du repère. J'ai suggéré une alternative physiquement plausible comme le condensé des champs quantiques et l'ai étudié phénoménologiquement et dans le cadre de la théorie quantique des champs hors-équilibre. On peut considérer ce modèle comme un prototype pour des processus qui selon notre présent connaissance de la physique de l'Univers primordial s'étaient produit, indépendamment des détails inconnus de la physique de particules de haute énergie de cette époque. Un des résultats le plus notable de ces études est la nature quantique d'énergie sombre et son rôle significatif dans sa survie. Ce fait peut avoir d'autres conséquences qui devraient être étudiées plus profondément et sont passées en revue dans le chapitre suivant. De plus, j'ai examiné la phénoménologie d'énergie sombre avec le but de distinguer entre les modèles. à cette fin J'ai trouvé un nouvel ensemble de paramètres utiles pour modéliser les données et distinguer entre les trois catégories principales des modèles. Beaucoup d'autres tâches restent à accomplir et explorer. Ils seront passés en revue dans le chapitre 3.

2.3 Physics astroparticule de haute énergie

Mon premier sujet de recherche indépendant après ma thèse était l'origine des Rayons Cosmiques Ultra Énergétiques (RCUE). Un des résultats de ce travail était le développement d'un des plus complets codes de simulation de la propagation des particules de haute énergie dans l'environnement cosmologique. De plus, ce travail et ses résultats ont inspiré ma recherche sur les sujets apparemment non liés d'énergie sombre et matière noire. Par ailleurs, depuis le lancement du satellite Swift j'avais l'occasion de travailler sur les aspects théoriques et observationnels de la physique des sursauts gamma (GRB) et les mécanismes d'accélération de particules dans des objets astronomiques. Dans cette section je passe en revue ma contribution dans la recherche sur ces sujets.

2.3.1 Introduction

Pour étudier la physique de haute énergie - équivalent de la physique aux très courtes distances - nous avons deux alternatives : La construction des grands accélérateurs de particules, or utilisation des particules et radiation de hautes énergies naturelles d'origine astrophysique. La première solution nous fournit un environnement contrôlable et précisément mesurable et des facilités pour étudier les lois les plus fondamentales de la physique. Cependant, le besoin des particules plus en plus énergétiques signifie la nécessité des accélérateurs plus grand qui à un certain point deviennent financièrement non abordables et techniquement non réalisables. La deuxième alternative fournit une solution beaucoup moins chère pour examiner et comprendre la physique de haute énergie, mais nous ne pouvons pas le contrôler et nos mesures seront beaucoup moins précises et plus impertinent. En pratique nous devons poursuivre les deux directions et les utiliser de manière complémentaire. L'histoire de la découvertes des particules élémentaires confirme le bénéfice de cette stratégie. Beaucoup des découvertes initiales en physique de particules, par exemple la détection des positrons dans les rayons cosmiques qui a confirmé le modèle quantique relativiste de Dirac pour des électrons. D'autres exemples sont les découvertes des muons et des pions qui ont profondément changé notre compréhension de la physique des particules élémentaires et des forces fondamentales dans la nature.

Mes activités de recherche sur le thème de la physique d'astroparticule de haute énergie ont été motivés par ceux faits historiques. De plus, des nouvelles découvertes dans les décennies récentes et la disponibilité des facilités expérimentales spatiales et terrestre ont encouragé des investigations théorique et phénoménologique des sujets liés à ce domaine.

2.3.2 Modèles de matière noire et origine des rayons cosmiques ultra énergétiques

Introduction

Environ 27% du contenu massif de l'Univers est en forme d'une matière froide, mais environ 85% de cela semble avoir seulement une interaction gravitationnelle et n'émet aucun photon, ce qui explique l'origine du nom *matière noire* pour ce composant. D'autre part, le zoo de la physique de particules a beaucoup d'espèces sauvages pas encore tracés ou capturés qui peuvent être associés à la matière noire. Elles sont dans en général connues sous des phyla WIMPs, LSP, Axions, Neutrinos lourds, etc. Depuis la fin des années 1990s un nouveau phylum appelé WIMPZILLA (ou Matière Noire Superlourde (SHDM)) [77, 75] est ajouté à ce zoo. La caractéristique commune des membres de cette famille est leur énorme masse, près de l'échelle de GUT, pesant 10^{12-16} GeV et leur longue durée de vie présumée, beaucoup plus grand que l'âge de l'Univers. Les motivations théoriques pour l'existence de ces particules ne sont pas très nouvelles. Depuis début des années 90, certains scénarios de compactification dans la théorie des cordes et la M-théorie ont prévu des particules composites appelées *crypton* avec des grands groupes de symétrie [74]. Les bosons messagers dans les modèles de supersymétrie avec la symétrie doucement bris'ee *(soft symmetry breaking)* et d'autres particules élémentaires ou composites des modèles SUSY et SUGRA peuvent avoir des masses près de l'échelle de GUT [119]. Étant composite et désintégrant seulement par des interactions non renormalisable ou ayant une symétrie de jauge discrète, peut prolonger la durée de vie de ces particule qui deviendrons meta-stable. La résonance paramétrique et les fluctuations du vide [77, 78, 75] à la fin de l'inflation peuvent produire une grande quantité d'SHDM et la contrainte d'unitarité sur leur masse [120] peut être surmontée s'ils n'ont jamais été thermalisés.

Des douches aériennes produites par RCUE ont été observées depuis les années 60 et leur nombre a particulièrement augmenté depuis des années 90 avec la construction des grands détecteurs de douche aériens comme Fly's Eye/HiRes [121], AGASA [122] et plus récemment Auger [123]. Les RCUE sont entourés de mystères. Depuis les années 1960s un cutoff - le GZK-cutoff - a été prévue dans le flux des rayons cosmiques à très hautes énergies produits par l'interaction résonante des RCUE avec le CMB et la production des pions [125]. Après des années de controverse sur la présence ou absence d'un cutoff, des nouvelles données prises par Auger et HiRes ont établi qu'il y a une *bosse (la cheville)* dans le spectre à $E \sim 5 \times 10^{19}$ eV et un déclin aux énergies plus hautes avec une pente plus raide que celle avant la cheville. Mais il n'y a pas encore assez de données aux énergies $E \gtrsim 10^{20}$ eV pour montrer si la pente du spectre en déclin retourne à sa valeur avant la cheville ou devient plus raide. Même si la présence d'un cutoff est confirmée, il n'est pas clair si ceci est le GZK-cutoff attendue - qui a été prévu pour être autour de $E \sim 10^{18.5-19}$ - ou bien dû au déclin de la production des particules primaires. L'origine de la cheville n'est pas bien comprise non plus. Le GZK-cutoff ne prévoit pas de cheville. Il peut être dû à l'accumulation des particules produites avec des énergies plus hautes qui ont perdu une fraction de leur énergie pendant la propagation ou le changement d'origine d'extragalactique à galactique [126], ou bien une caractéristique du spectre de production. Si l'origine de cheville est la transition de population d'extragalactique à galactique, par exemple magnetars, il doit y avoir une corrélation proche entre la direction des événements correspondants et le disque Galactique. Il faut noter que la déviation par le champ magnétique galactique à ces énergies est négligeable. Jusqu'ici une telle corrélation n'est pas observée [127]. Néanmoins, l'accumulation de données et une couverture plus uniforme du ciel quand l'observatoire de Pierre Auger Nord devient opérationnel permettra une meilleure vérification de ces hypothèses.

Une autre question importante non résolue et directement liée à l'origine des RCUE est leur composition. La plupart des analyses des données plus anciennes ont conclu la domination des protons pour $E \gtrsim 10^{18}$ eV dans les RCUE. Cependant, des données plus récentes de Auger semblent montrer que la composition devient dominée par le fer (noyau de Fe) aux énergies les plus hautes. Mais, ce résultat dépend fortement des simulations d'interactions aux échelles d'énergie du Centre de Masse (CM) $E \sim 10^{14-15}$ eV qui ne sont pas expérimentalement vérifiées, et des autres incertitudes des simulations des douches aériennes et des instruments.

Les observations des RCUE ont été la motivation pour étudier SHDM comme un candidat d'origine de ces particules extrêmement énergiques. Cependant, à présent l'origine de ces événements rares reste un mystère. Des objets et des phénomènes classiques et exotiques divers ont été proposés, voir par exemple [71] pour une revue récent. Parmis les sources astronomiques on peut mentionner les magnetars [124] qui sont des étoiles à neutrons nouveau-nées avec des champs magnétiques énormes, et les AGNS et leurs jets [72]. Il y a quelques années, il y avait des réclamations d'une corrélation entre la direction des RCUE et les AGNS voisines. Mais, des nouvelles études n'ont pas confirmé ces réclamations. En particulier, aucun RCUE dans la direction M87, l'AGN puissante dans le centre de l'ama de galaxies Vierge n'a été trouvé. Les 4 événements venant de la direction de Centaurus A ne peuvent pas être dus à l'accélération des particules le long de son jet qui est parallèle au plan du ciel. Ils sont probablement dus à l'accélération des particules du fond par le champ magnétique de son disque ou son jet [HZ-P 9]. Donc, la seule conclusion que l'on peut faire avec assez de certitude est que les RCUE sont corrèllé avec les grandes structures voisines [73].

Quant aux sources exotiques ou top-down, tant des défauts cosmologiques que la matière noire superlourde meta-stable (SHDM) ont été proposés comme candidats. Cependant, le premier prévoient une grande contribution de photons dans les RCUE provenant de la désintégration des défauts qui ne est pas observée. De plus, les

2.3. Physics astroparticule de haute énergie

observations de CMB et LSS ont exclu une production significative des défauts cosmologiques longue durée dans l'Univers primordial et leur présence dans l'Univers proche est strictement contrainte par les données du cisaillement gravitationnel [128]. Le problème de surestimation du flux des photons a été aussi soulevé pour la matière noire superlourde meta-stable. Cependant, au moment où mes travaux sur ce sujet ont été effectués, il n'y avait pas encore assez d'évidence de ce problème. De plus, l'évaluation du flux des particules MS diverses que l'on considère d'être les résultats finaux du processus de désintégration dépend de la physique aux échelles $10^{14} - 10^{15}$ eV, dont nous n'avons aucune information expérimentalement confirmée. Par exemple, aux échelles plus hautes que celle de la brisure de la symétrie électrofaible on s'attend à la restauration de symétrie entre le photon et les bosons massif W et Z_0. Alors, il est possible qu'aucun photon ultra énergétique ne puisse exister ou même s'ils existent, leurs interactions peuvent très différentes de celles des photons aux énergies plus basses. Donc, jusqu'à la découverte d'une classe d'objets astronomiques comme l'origine dominante des RCUE ou une connaissance expérimentalement confirmée de la physique de particules aux échelles de $10^{14}-10^{15}$, la présence de SHDM ne peut pas être exclu.

Le but des recherches présentées dans [HZ-A 24,26, HZ-B 1] était une simulation détaillée et réaliste de la propagation des restes de la désintégration de SHDM et la déterminations des contraintes sur sa durée de vie.

Désintégration de WIMPZILLA et sa simulation

Pour être un candidat de l'origine des RCUE, la désintégration de SHDM doit produire des particules du Modèle Standard (MS) de haute énergie comme les restes primaires ou secondaires. Elles se propagent dans le Milieu Inter-Galactique (IGM), interagissent avec le CMB et d'autres émissions du fond, et dissipent ainsi une partie de leur énergie. Pour obtenir une limite supérieure sur la durée de vie de SHDM nous supposons que la matière noire est composée uniquement de SHDM. Des prédictions théoriques pour la masse et la durée de vie des candidats d'une particule superlourde couvrent une grande gamme de valeurs de $m_{UH} = 10^{22} - 10^{26} eV$ et $\tau_{UH} = 10^7 - 10^{20} yr$ [74]. Dans nos simulations nous utilisons $m_{UH} = 10^{22} eV$ et $m_{UH} = 10^{24} eV$.[4] Quant à la durée de vie de SHDM τ_{UH}, les valeurs de $\tau_{UH} = 5\tau_0$ et $\tau_{UH} = 50\tau_0$ où τ_0 est l'âge de l'Univers sont étudiées. Ces valeurs sont plus petites que ce qui a été utilisé par d'autres études de ce processus.

Les modes de désintégration de SHDM dépend du modèle. De plus, il est probable qu'ils ne se désintègrent pas directement aux particules de MS et leur désintégration

---

4. Au moment du développement de ces simulations les données d'AGASA ne montrait aucune cutoff dans le spectre. Alors, il était naturel de considérer des masses beaucoup plus grande que l'énergie de l'événement RCUE le plus énergétique c.à.d. $\sim 10^{21}$ eV [25].

a plusieurs états instables intermédiaires qui se désintégrent à leur tour plus tard. Par ailleurs, les restes peuvent inclure des WIMP plus légères et stables qui ne seront pas observables comme UHECR. Pour étudier l'effet maximal de la désintégration sur le flux des particules de haute énergie, on considère que des restes finaux sont des particules MS. La plupart des modèles les WIMPZILLA sont des bosons neutres. Pour cette raison et en raison du manque d'information précise sur leur désintégration, nous supposons qu'il ressemble à la désintégration de $Z°$ dans lequel le canal hadronique est dominant. En plus, pour imiter l'adoucissement du spectre d'énergie dû aux niveaux multiple de désintégration, cett dernière est considéré d'être semblable à l'hadronisation d'une paire de gluon. Des données expérimentales [129] et des investigations théoriques [130] prévoient un adoucissement du spectre aux énergies les plus élevées et une plus grande multiplicité pour les jets gluon par rapport des quarks.

Nous utilisons le code PYTHIA pour la simulation de hadronisation des jets. Cepandent, il est bien connu que due aux limitations de la précision numériques, PYTHIA ne peut pas correctement simuler des événements ultra énergétiques. C'est pourquoi, nous avons dû extrapoler les résultats des simulations pour $E_{CM} \leqslant 10^{20}$ eV qui est l'énergie la plus haute pour laquelle PYTHIA fonctionne correctement aux $E_{CM} \leqslant 10^{24}$ eV. La figure 2.15 montre an exemple de la distribution de multiplicité des protons et des photons dans la hadronisation d'un paire de gluons. La masse des neutrinos sont négligée et pour la simplicité dans les simulations de la dissipation tous les neutrinos sont

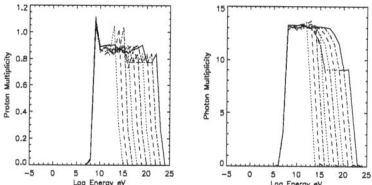

FIGURE 2.15 – Les multiplicités des proton et photon dans la hadronisation d'un pair de jets du gluon pour $E_{CM} = 10^{14} - 10^{24} eV$. Pour $E_{CM} > 10^{20} eV$ les courbes correspondent à extrapolation des résultats aux énergies plus basses.

traités comme ν_e. Certains problèmes théoriques et incertitudes des modèles de hadronisation à haute énergie, ceux implantés dans PYTHIA, et leur implication pour la simulation des RCUE sont discutés dans les annexes de [HZ-A 24].

Interactions et dissipation d'énergie

Nous avons inclus presque toutes les interactions pertinentes entre le reste de la désintégration de SHDM à la simulation en utilisant soit les résultats de PYTHIA, soit les expressions analytiques des sections efficaces aux énergies basses, à l'exception de la dispersion d'élastique de $\nu - \nu$ et $\bar{\nu} - \bar{\nu}$. Aux énergies très élevées,

2.3. Physics astroparticule de haute énergie

$E_{CM} > 10^{14}$ eV pour nucléon-nucléon et $E_{CM} > 10^{15}$ eV pour d'autres interactions, PYTHIA devient très lent et le nombre des événements rejetés augmente rapidement. Pour ces énergies nous avons effectué une extrapolation linéaire des résultats des simulations aux énergies inférieures.

L'inclusion de beaucoup des canaux d'interaction est une caractéristique qui distingue ces simulations des autres travaux sur la propagation d'RCUE qui prennent en compte seulement les interactions perturbatives du premier ordre ou/et les sections efficaces totale de quelques interactions hadroniques. Souvent ils supposent que le processus minimal c.à.d. $N - \gamma \rightarrow N - \pi$ domine l'interaction avec le CMB. Cependant, le spectre du CMB est étendu sur une vaste gamme d'énergies et par conséquent la hadronisation non perturbation est important. Par exemple, pour l'interaction minimale à $E_{CM} = 4$ GeV, la multiplicité moyenne est ~ 15 en place de 5 (après la désintégration du pion). De plus, dans les milieux galactiques, les radiations IR et visibles sont comparables avec le CMB et jouent un rôle important dans la dissipation d'énergie des protons à $E \sim 10^{18} - 10^{19}$ eV. Dans les milieux extragalactiques, la densité de nombre des photons du fond haute énergie à ($E > 1$ eV) est plus grand que visible et presque égale à IR.

De (2.120) et (2.122) ci-dessous il est évident que la largeur de désintégration et la fraction de SHDM en DM sont dégénérées et dans les équations d'évolution, la réduction de la contribution est équivalent à l'augmentation de la durée de vie. L'équation de Boltzmann pour l'espèce i est [131] (on utile des unités avec $c = \hbar = 1$) :

$$p^\mu \partial_\mu f^{(i)}(x,p) - (\Gamma^\mu_{\nu\rho} p^\nu p^\rho - e_i F^\mu_\nu p^\nu)\frac{\partial f^{(i)}}{\partial p^\mu} =$$
$$-(\mathcal{A}(x,p) + \mathcal{B}(x,p))f^{(i)}(x,p) + \mathcal{C}(x,p) + \mathcal{D}(x,p) + \mathcal{E}(x,p). \tag{2.119}$$

$$\mathcal{A}(x,p) = \Gamma_i m_i. \tag{2.120}$$

$$\mathcal{B}(x,p) = \sum_j \frac{1}{(2\pi)^3 g_i} \int d\bar{p}_j f^{(j)}(x,p_j) A(s) \sigma_{ij}(s). \tag{2.121}$$

$$\mathcal{C}(x,p) = \sum_j \Gamma_j m_j \frac{1}{(2\pi)^3 g_i} \int d\bar{p}_j f^{(j)}(x,p_j) \frac{d\mathcal{M}^{(i)}{}_j}{d\bar{p}}. \tag{2.122}$$

$$\mathcal{D}(x,p) = \sum_{j,k} \frac{1}{(2\pi)^6 g_i} \int d\bar{p}_j d\bar{p}_k f^{(j)}(x,p_j) f^{(k)}(x,p_k) A(s) \frac{d\sigma_{j+k\rightarrow i+\ldots}}{d\bar{p}} \tag{2.123}$$

$$A(p_i,p_j) = ((p_i.p_j)^2 - m_i^2 m_j^2)^{\frac{1}{2}} = \frac{1}{2}((s - m_i^2 - m_j^2)^2 - 4m_i^2 m_j^2)^{\frac{1}{2}}. \tag{2.124}$$

où x et p sont les 4-vecteurs du coordonnée et de l'impulsion ; $f^{(i)}(x,p)$ est la distribution de l'espèce i ; m_i, e_i, $\Gamma_i \equiv 1/\tau_i$ et τ_i sont la massive, la charge électrique, la largeur de désintégration, et la durée de vie; σ_{ij} est la section efficace totale des interactions de l'espèce i et l'espèce j pour s constante; $\frac{d\sigma_{j+k\to i+...}}{d\bar{p}} = \frac{(2\pi)^3 E d\sigma}{g_i p^2 dp d\Omega}$ est la section efficace différentielle - qui est invariable de Lorentz - de la production de i dans l'interaction entre j et k; g_i est le nombre des degrés de liberté internes (par exemple le spin); $d\bar{p} = \frac{d^3 p}{E}$ est l'élément d'intégration invariable de Lorentz dans l'espace d'impulsion. Nous traitons les interactions comme classiques, c.à.d. nous considérons seulement des interactions à deux corps et nous négligeons l'interférence entre des particules sortantes. Ceci est une bonne approximation quand le plasma n'est pas dégénéré. On suppose que les sections efficaces incluent la somme sur tous les degrés de liberté internes comme spin et couleur; $\frac{d\mathcal{M}^{(i)}_j}{d\bar{p}}$ est la multiplicité différentielle de l'espèce i dans la désintégration de j; $\Gamma^\mu_{\nu\rho}$ est la connexion; F^μ_ν est le champ électromagnétique externe (dans cette simulation il est mis au zéro); et finalement $\mathcal{E}(x,p)$ présente toutes les autres sources externes. $A(s)$ est un facteur cinématique défini de tel manière que la quantité $A\sigma$ présente la probabilité totale d'une interaction.

Cosmologie, conditions initiales, et fonds cosmiques

Dans les simulations on considère une cosmologie plat du type ΛCDM pour l'Univers avec : $\Omega_M = 0.3$, $\Omega_\Lambda = 0.7$, $h = H_0/100 km\sec^{-1} Mpc^{-1} = 0.7$ et $\Omega_b = 0.02 h^{-2}$. Avant la libération des photons du CMB l'Univers était optiquement épais. Ainsi, nous commençons nos simulations du redshift de CMB $z_{dec} = 1100$. La distribution des espèces au redshift du découplage étaient thermique avec une température de $T_{dec} = T_{cmb}(z_{dec}+1) = 0.26$ eV, $T_{cmb} = 2.728$ K pour $e^\pm$, $p^\pm$ et γ, et $\frac{4}{11}T_{dec}$ pour ν et $\bar{\nu}$. De la même façon, on détermine la température de la matière noire. La température de la matière noire T_{dm} doit être considéré plutôt comme une estimation de l'énergie cinétique qu'une température réelle car si SHDMS existe, ils ne pouvaient jamais être thermalisés :

$$T_{dm}(z_{dec}) = \frac{g_{*s}^{dec\,\frac{2}{3}} T_{dec}^2}{g_{*s}^{dm\,\frac{2}{3}} T_{dm-dec}}. \tag{2.125}$$

$$T_{dm}(z_{dec}) = \frac{g_{*s}^{dec\,\frac{2}{3}} T_{dec}^2}{g_{*s}^{dm\,\frac{2}{3}} T_{dm-dec}}. \tag{2.126}$$

T_{dm-dec} est la température de découplage de SHDM. On considère $T_{dm-dec} \sim 10^{16}$ eV, ainsi $T_{dm}(z_{dec}) < 10^{-18}$ eV ≈ 0. Les densités initiales des espèces sont déterminées de leur distribution thermique.

Quant aux radiations du fond, sauf le CMB et les neutrinos du relique qui sont inclus dans les conditions initiales, on n'inclut pas d'autre fond aux distributions à grand redshift. Ceci est une supposition conservative qui réduit le flux des RCUE et la limite supérieure sur la durée de vie de SHDM. Pour $z \leq 3$, nous ajoutons

2.3. Physics astroparticule de haute énergie

l'emissivité des étoiles dans l'IR-porche jusqu'à l'UV comme une source externe dans l'équation (2.119). L'IR-lointain est très important pour la dissipation d'énergie dans la limite haute énergie des RCUE, mais il n'est pas ajouté parce qu'au moment du développement des simulations il y avait peu d'information sur son évolution avec redshift. Les fonds haute énergie ne sont pas ajoutés car nous voulons pouvoir distinguer la contribution de la désintégration de SHDM aux autres sources.

Conditions initiales pour la simulation des halos : Pour la simulation des RCUE provenants du halo de matière noire nous supposons que la matière baryonique galactique a une distribution thermique avec $T_b = 10^4$ K. De plus, pour simuler la concentration plus élevée du composent baryonique froids dans la partie intérieure des halos, on considère que la fraction baryonique à l'intérieur des halos est plus grande que sa valeur moyenne dans l'Univers. Avec ces suppositions la densité numérique initiale peut être exprimée comme :

$$n_p = \frac{b\delta\rho_c}{m_p}, \qquad n_{e^-} = n_p, \qquad n_{\bar{p}} = n_{e^+} = 0, \qquad n_{dm} = \frac{(1-b)\delta\rho_c}{m_{dm}} \qquad (2.127)$$

où b est la fraction des baryons dans le halo. Dans les simulations $b = 0.3 \sim 2\times$ la valeur primordiale. Le paramètre δ est la sur-densité moyenne du halo galactique. Inspiré par la distribution de densité universelle NFW des halos, on assume un halo avec un rayon caractéristique $r_{200} = 0.12 Mpc$, ainsi $\delta = 200$. Ces paramètres définissent un halo NFW de masse $M_H = 6 \times 10^{12} M_\odot$.

Les fonds IR et visibles galactiques ne sont pas très bien connus. Nous utilisons les résultats du modèle développé par le groupe DIRBE pour la détection du composant extragalactique du DIRBE [132]. Pour les fonds galactiques du rayons X doux et dur on utilise le modèle développé pour l'extraction du composant extragalactique des observations de ROSAT et ASCA [133]. Il considère GXB comme deux composants thermiques, un composant doux avec $T_{sx} = 70$ eV provenant de la Bulle Locale *(Local Bubble)* et un composant dur avec $T_{hx} = 145$ eV du gaz chaud, probablement dans le Halo. Nous ajoutons aussi le composant extragalactique pour $0.25 keV < E < 10$ keV.

Simulation du flux des RCUE

La figure 2.16-a montre le flux d'énergie des protons et des photons haute énergie dans un univers homogène. Le cutoff GZK est clairement distinguable, et selon la modélisation du fond cosmique utilisée il commence à $E \approx 10^{18}$ eV pour des protons en raison de l'interaction $p - \gamma$ et à $E \sim 10^{13}$ eV pour des photons en raison de la production $e^\pm$. Selon ces résultats, même la durée de vie la plus courte considérée ici, ne peut pas expliquer le flux observé des protons. Alors, la durée de vie de SHDM peut être beaucoup plus courte que des évaluations dans [134] qui assume un mode de désintégration à 2 particules. On montre aussi le flux sans dissipation d'énergie dans la figure 2.16-a. Il est compatible avec les résultats de [134] qui assument une désinégration hadronique pour SHDM, mais ne prennent pas en compt la dissipation d'énergie des particules secondaires. Dans ce cas, la durée de vie doit être $\sim 4 - 6$ ordres de grandeur plus grande que l'âge de l'Univers. De la figure 2.16-a et en prenant en compte le fait que la section efficace de $p - \gamma$ est $\sim 10^4$ fois plus petite que $p - p$, il est clair qu'avec la présente statistique des RCUE, seulement quelques douches de photon pourrait être observées. Cette observation un peu adoucit la contrainte obtenue par la Collaboration Pierre Auger [135], bien qu'il ne puisse pas le rendre compatible avec les observations. Cependant, nous devrions rappeler que nous n'avons pas considéré le fond IR-lointain qui est très important pour la dissipation des photons énergiques. De plus, des incertitudes théoriques du taux de production des photons très énergiques décrits ci-dessus doivent être correctement examinées avant que on puisse faire une conclusion définitive.

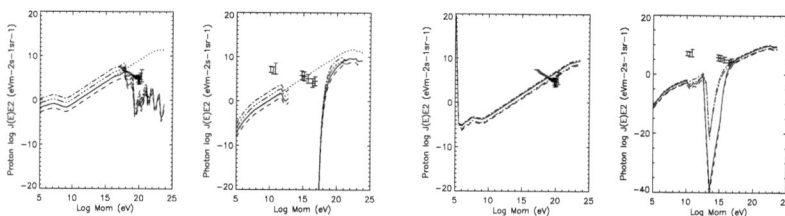

FIGURE 2.16 – Flux d'énergie des protons et des photons. m_{dm} est la masse de SHDM, τ et τ_0 sont respectivement la durée de vie de SHDM et l'âge de l'Univers. Gauche : Pour une distribution cosmologique uniforme de la matière. $m_{dm} = 10^{24}$ eV, $\tau = 5\tau_0$ (ligne plein); le spectre sans dissipation d'énergie pour la même masse et la durée de vie (ligne pointillée); $m_{dm} = 10^{24}$ eV, $\tau = 50\tau_0$ (ligne tiret); $m_{dm} = 10^{22}$ eV, $\tau = 5\tau_0$ (tiret-pointillée); $m_{dm} = 10^{22}$ eV, $\tau = 50\tau_0$ (tiret-point-point-point). Pour des protons, on montre des données des détecteurs de douches aériens (AGASA). Les données pour des photons sont les données d'EGRET et la limite supérieure du fond de CASA-MIA. Droit : Le flux des protons et des photons de haute énergie dans un surdensité uniforme. $m_{dm} = 10^{24}$ eV, $\tau = 5\tau_0$ et $\tau = 50\tau_0$. Les lignes tiret pointillée et tiret-point-point-point présentent le halo SHDM. Les lignes solides et tiret montrent un halo de SHDM et de baryons. Pour des protons l'effet de la durée de vie croissante des SHDM est plus important que la présence des baryons. La forte absorption des photons est plus sensible à la présence de la matière de baryonique.

Contribution du halo de la matière noire galactique Pour voir l'effet d'agglutination des SHDM désintégrante sur le flux des RCUE, dans [HZ-A 25] un modèle

2.3. Physics astroparticule de haute énergie

simple de propagation des SHDM dans une boîte est étudié. On considère un halo comme une sur-densité uniforme avec une taille limitée à $z = 0$. Ceci est simulé en suivant la désintégration de SHDM et l'évolution des restes pour une durée du temps comparables au temps de propagation dans le halo. L'équation d'évolution et l'énergie sont binnés de la même façon que dans le cas homogène. Parce que nous voulons étudier la propagation des restes dans un volume comparable avec le Halo Galactique, nous considérons les pas du temps équivalent de 10 kpc pour les simulations. Nos tests montrent qu'après quelques étapes (~ 7), le taux d'accumulation des particules de haute énergie devient très lent et l'équilibre est réalisé. On considère deux scénarios pour la distribution de matière. Dans le premier scénario on développe simplement des distributions pour un certain nombre de pas (jusqu'à 30). Dans la deuxième simulation, après quelques pas, on arrête la désintégration de la matière noire pour simuler un halo intérieur de baryons/MACHO. Alors, l'évolution est continuée pour 5 pas de plus $\sim 50 kpc$ pour simuler la propagation à travers des baryons.

La figure 2.16-b montre la distribution des protons et des photons de haute énergie pour un halo uniforme et pour un halo avec baryons/MACHO dans le centre. On montre le résultat pour $m_{dm} = 10^{24} eV$ avec $\tau = 5\tau_0$ et $\tau = 50\tau_0$. Pour des photons l'absorption est plus profonde que dans un univers homogène et pour des protons elle est pratiquement absente. Le flux calculé à $E \sim 10^{19.5}$ eV est un peu plus grande que l'observation. Cependant, les résultats de simulation aux énergies plus haute, en particulier avec un halo intérieur de baryon/MACHO est dans la gamme de 1- $-\sigma$ d'erreur des données de AGASA. Parce que des données récentes montrent un cutoff du spectre aux énergies plus haut que $E \sim 10^{19.5}$ eV, une SHDM avec une masse $\sim 10^{21-22}$ eV est plus approprié comme le candidat l'origine des RCUE, mais leur durée de vie doit être proportionnellement plus longue ou leur contribution à la matière noire totale doit être plus petite. Cela ne résudre pas le problème d'inconsistance du flux des photons avec des observations, mais comme nous avons discuté plutôt, les incertitudes théoriques sont encore significatives. D'autre part, l'origine astronomique des RCUE n'explique pas complètement l'absence des photons très énergiques, car ils doivent être inévitablement produits dans les sources des RCUE par la dissipation des particules de hautes énergies chargées. Le même argument s'applique aux neutrinos de haute énergie qui ne sont pas encore observés. En absence d'une connaissance de la physique aux échelles de $\sim 10^{14-15}$ eV qui ne sont même pas accessible à LHC, seulement la découverte d'une source astronomique des RCUE peut clarifier l'énigme de l'origine de ces entités fascinantes.

Résumé

J'ai simulé la propagation des RCUE sur des distances cosmologiques et dans le halo galactique pour les SHDM dans le cadre des modèles top-down. Le code inclut un grand nombre des processus qui participent à la dissipation d'énergie des particules MS pendant leur propagation. Des contraintes sur la masse, la durée de vie, et la contribution des SHDM dans le contenu de la matière noire total sont obtenues et les incertitudes physiques diverses qui peuvent affecter tant l'analyse de données des observations que les études théoriques/simulations de ce phénomène sont discutées. Les résultats sont aussi pertinents pour les sources astronomiques des RCUE et l'étude de leurs propriétés.

2.3.3 Modélisation et simulation des émissions prompte et contrecoup des sursauts gamma (GRBs)

Introduction

L'histoire des observations d'étoiles éclatantes remonte à 185 ap J.-C. [136]. De ces observations nous avons appris que la vie des étoiles massives et intermédiaires - avec une masse près ou légèrement plus grande que celle du Soleil - finit avec des explosions violentes généralement appelée supernova. Les progéniteurs des supernovae sont divisés en deux groupes principaux [da Silva 1993] : les vieilles naines blanches qui arrivent à une masse critique - la masse limite de Chandrasekhar qui est environ $1.38 M_\odot$ - par l'accrétion de la matière d'un compagnon (type Ia), ou bien les jeunes étoiles très massives qui s'effondrent sur eux-mêmes, et selon l'absence ou la présence des lignes d'hydrogène dans leur spectre, sont classifiées comme le type Ib/c ou type II.

Dans les années 1960's des satellites espions *Vela* conçus pour détecter les rayons X, gamma et les neutrons provenants des essais nucléaires spatiaux et atmosphériques ont observés des flashes du rayon gamma d'origine hors du système solaire [137, 138]. La distribution de leur durée montre un groupement clair des explosions à courte durée de $\lesssim 2$ sec et à longue durée de $\gtrsim 2$ sec. Leur occurrence aux distances cosmologiques et leur association aux supernovae et aux explosion d'étoiles ont été d'abord suggérée en 1986 par B. Paczynski [139]. Les explosions courtes sont supposées d'avoir été produites dans la collision des objets astronomiques compacts comme deux étoiles à neutrons ou une étoile à neutrons et un trou noir, et les sursauts longs dans l'écroulement du noyau des étoiles massives.

Motivé par l'absence de détection dans d'autres longueurs d'ondes et par la compacité des sources (voir par exemple [141] pour un revue), une *boule de feu* - le plasma de $e^\pm$ fortement en interaction - éjecté pendant l'explosion a été suggérée comme l'origine des sursauts gamma (GRBs) [139, 140]. Dans ce modèle l'annihilation de $e^\pm$ aux photons est supposée d'être l'origine d'émission du rayon gamma détecté. Mais ce modèle a des problèmes divers. Par exemple, il est difficile, sinon impossible, d'expliquer l'ascension rapide et le déclin exponentiel (FRED) des pics et leur va-

2.3. Physics astroparticule de haute énergie

riation aléatoire. En plus, grâce à la résolution angulaire de nouveaux télescopes du rayon gamma, comme BATSE, Swift et Fermi, et à la réponse rapide des détecteurs de multi-longueur-d'ondes au bord des ces observatoires spatiaux, et la rapidité du dérapage des télescopes robotiques terrestres, des contrecoups longue durée des GRB ont été observés depuis 1998 pour la majorité entre eux. Par ailleurs, le modèle de la bulle de feu ne peut pas expliquer le spectre de loi de puissance des sursauts observés et le manque d'une émission thermique avec une température de ~ 1 MeV.

Dans le modèle du choc interne, on considère l'émission Synchrotron Self-Compton (SSC) produite par des collisions entre des couches de surdensité à l'intérieur du jet relativiste comme l'origine du rayon gamma prompte et les émissions de haute énergie observés [142]. De même, les contrecoups dans des bandes d'énergies inférieures sont considérés d'être produit par la collision du reste du jet avec la matière d'entourage ou la Matière Interstellaire (ISM). Parmis des autres modèles de GRB, un flux du plasma fortement magnétisé - un flux de Poynting - est le plus populaire [146]. Dans ce modèle le rayon gamma est émis par des électrons accélérés par la reconnexion des lignes du flux magnétiques. Les variantes et la combinaison du choc interne-SSC et des modèles du flux de Poynting sont aussi suggérés pour résoudre certains des défauts ces deux modèles les populaires.

Aucun de ces modèles n'est complètement impeccable. Comme l'on a mentionné ci-dessus, le spectre des GRB n'est pas en accord avec un spectre presque thermique prévu par le modèle de boule de feu standard. Le modèle du flux de Poynting ne peut pas expliquer d'une façon naturelle la variation rapide d'émission car l'on s'attend à une fréquence de reconnexion très bas. Même le SSC qui est le modèle préféré d'émission des GRB semble d'avoir des problèmes diverses. Par exemple, pour avoir une émission suffisant aux hautes énergies le champ magnétique doit être assez fort pour que l'émission des électrons ayant un facteur de Lorentz près du minimum γ_m et produit le pic du spectre soit assez dure. Cependant, une telle condition réduit la durée d'émission et il semble que le SSC ne peut pas maintenir la longue émission des sursauts longs. On appelle cette difficulté *le problème de refroidissement rapide*. Une solution possible pour cette difficulté est la collision multi-couche qui consiste à la formation et la dissipation continue des anisotropies dans le jet. Plus problématiquement encore, est le fait que la théorie d'émission synchrotron prévoit un indice $\alpha \sim -4/3$ pour le spectre à $E \ll E_{peak}$ [141], mais des observations montrent des spectres plus plat avec des indices $\alpha \gtrsim -1$ à l'extrême bas énergie des spectres observés [148]. D'autre part, les observations du satellite Fermi jusqu'aux énergies $\gtrsim 100$ GeV ont détectés un composant de haute énergie dans les GRB tant courts que longs qui est retardé jusqu'au dizaines de secondes par rapport au composant de $E \sim 100$ MeV dans les sursauts longs. Il se décroît beaucoup plus lentement que les émissions aux énergies inférieures. Finalement, le SSC a une petite efficacité. Les simulations *Particle in Cell (PIC)* montrent que seulement $\lesssim 10\%$ de l'énergie cinétique totale est transfert aux électrons, et ainsi à l'émission SSC [149].

Pour mieux comprendre les propriétés des modèles et les problèmes expliqués ci-dessus on a besoin des simulations plus réalistes des chocs relativistes. Cependant, à présent des simulations PIC ne peuvent pas encore simuler l'émission des GRB des premiers principes. Néanmoins, il devrait être possible de réaliser des simulations phénoménologiques plus réalistes pour étudier l'effet des divers paramètres et des quantités caractérisant des chocs et des émissions. Dans cette section je passe en revue ma contribution à la modélisation et la simulation des chocs relativistes dans les GRB qui est rapporté dans [HZ-A 8, 9, 5, HZ-C 2]. Le but de ces études était de voir si malgré des difficultés discutées ci-dessus, le modèle du choc interne-SSC peut expliquer des observations. Certaines de ces études ont été exécutées en collaboration avec mon étudiant Brian Gardner qui a reç une convention de l'organisme Nuffield Trust, UK pour travailler sur ce projet.

De plus, j'ai contribué dans la modélisation de quelques GRB et la compréhension des phénomènes comme les oscillations cohérentes observées dans certains GRB. Leur meilleur exemple est GRB 090709A. Ces travaux sont rapportées dans [HZ-A 10], Godet, et al.(2008) [HZ-A 14, Page, et al.(2007) [HZ-A 15], etc, et seront brièvement décrites ici. De plus, comme un membre de l'équipe scientifique de Swift, de 2004 jusqu'à 2009 - la fin de mon exercice au Mullard Space Science Laboratory, University college London (MSSL-UCL), j'ai participé à l'opération de la mission comme un *Burst Advocate (BA)*. En conséquence je suis le co-auteur d'un grand nombre de GCN notes et rapports citables qui sont listé dans la liste de mes publications.

Émission synchrotron par les chocs relativistes et leur modélisation phénoménologique

Dans le cadre du modèle des chocs internes, des collisions entre les couches de matière avec des densités et des vitesses différentes éjectées par une source centrale, produisent des chocs moyennement relativistes dans lesquels les électrons sont d'abord accélérés et puis ils dissipent leur énergie comme l'émission synchrotron. Les couches accélérées sont considérés d'être froides et dominées par les baryons. À priori il n'y a aucune raison pour que les couches plus rapides soient éjectées plus tard, et en fait leur distribution temporelle devrait être aléatoire. Néanmoins, la ségrégation de vitesse peut être automatiquement produite par le ralentissement des couches de devant quand ils interagissent avec la matière enveloppant la source, en particulier dans les étoiles Wolf-Rayet (WR) qui sont des candidats des progéniteur de GRB long [143]. En effect, les précurseurs faibles observés dans beaucoup de GRB, voir par exemple Page, et al.(2007) [HZ-A 15], peuvent être dus à ce processus [144].

La figure 2.17 montre un croquis du processus de choc. Pendant la collision la compression des particules derrière le front du choc et la turbulence incité créent des

2.3. Physics astroparticule de haute énergie

champs électriques et magnétiques transversaux et produisent ce qui est appelé *la Structure d'Énergie Électromagnétique (EES)*, une onde électromagnétique solitonique à travers le front du choc.

Les particules de la couche lente se déplacent le long d'un chemin hélicoïdal vers le front du choc et sont accélérées par le champ électrique de l'EES et par le champs aléatoires à courte porté des processus de Fermi. Cependant, leur distance de pénétration dans la couche rapide en amont est très courte et ils sont réflétés en aval. Pendant ce ralentissement en raison de présence du champ magnétique incité par le choc, ils émettent une fraction de leur énergie cinétique comme émission synchrotron. De plus, la présence d'un champ magnétique externe peut d'une part aider l'accélération des électrons [150], et d'autre part, faciliter l'émission de radiation synchrotron. Ce processus est continu et tant que l'EES persiste, les électrons se déplacent dans les deux sens à travers la zone choquée et dissipent l'énergie cinétique de la couche rapide transférée aux champs par l'émission synchrotron. La durée de vie de ce processus d'accélération-dissipation est courte, car dans un plasma neutre pour chaque électron absorbé par le front du choc, un ou plusieurs baryons, qui sont beaucoup plus massive, sont aussi absorbés. Pour un observateur dans le repère de la couche lente l'absorption des baryons par la couche rapide la ralentit et réduit la discontinuité et la force de l'EES. Nous considérons une énergie interne (par exemple chauffage) négligeable pour les couches, et supposons que la turbulence et le mélange transfert l'énergie de la couche rapide à la couche lente par la dispersion élastique.

FIGURE 2.17 – Le croquis d'un choc relativiste. De haut au bas, de gauche à droite : 1) Le début d'un choc ; une couche froide ayant un grand facteur de Lorentz (violet) se déplaçant de gauche à droite et entre en collision avec une couche plus lente ou ISM (bleu). 2) Pendant le passage des couches l'une dans l'autre, au front du choc une *région active* est formé où des forts champs électrique et magnétique orthogonaux sont incités par des instabilités du plasma et des particules chargées sont accélérées. Ils perdent une partie de leur énergie cinétique comme émission synchrotron. Une fraction de ces particules fortement accélérées s'échappe à l'aval. Par contre, les particules qui ont perdu leur d'énergie sont poussées en amont. Ce processus s'étend la région active, mais réduit le gradient de densité et progressivement affaiblit le choc. 3) Et 4) montrent deux résultat possible de la collision : la coalescence totale des couches (la collision radiative) et quand après le passage de la couche rapide une couche lente restante est formée derrière. Dans cette figure le gradient des couleurs présente les distributions de densité et la vitesse : des couleurs plus sombres correspondent aux vitesses et densité plus grandes.

Dans ce sens la collision est radiative, c.à.d. tout l'excès d'énergie est émis [151].

Modèle phénomńologique : On peut distinguer deux *zones choquées* dans les côtés opposés de la discontinuité initiale. Si la vitesse des particules massives - vraisemblablement des baryons - est réduite à la vitesse relativiste du son dans l'amont, un choc secondaire *le choc inverse* se forme et se propage dans la direction opposée du *choc vers avant*. Bien que l'on s'y soit attendu que la différence entre la fréquence de synchrotron dominante et l'évolution en temps des émissions de ces chocs opposés rende leur séparation possible, les observations multi-bande et prompte des GRB ont montré le contraire. Donc, dans notre modèle phénoménologique nous considérons seulement une région émettant de radiation qu'on l'appellera *la région active*. Vraisemblablement, dans les GRB la région active est la longueur du jet dans lequel les ondes de densité forment continuellement et entrent en collision, voir par exemple les simulations 2D & 3D dans [150]. La notion d'une région active (d'émission) n'est pas nouvelle et a été aussi utilisée dans le contexte de la formation des rayons cosmiques dans les chocs relativistes et non relativistes par les processus de Fermi [152]. Il faut noter que ce que l'on appelle la région active ne correspond pas à la matière choquée. En particulier, la largeur de cette zone augmente initialement jusqu'à une valeur maximale, et ensuite est progressivement réduit au zéro à la fin de l'émission quand les couches sont unies ou complètement séparées.

Pour simplifier plus le modèle, nous supposons aussi que l'épaisseur de cette région d'émission est petite, c.à.d. le temps de propagation des photons dans cette région est plus petit que la résolution de temps dans ce modèle. En fait, pour les objets se déplaçant avec des vitesses ultra relativistes par rapport à un observateur lointain, le temps et la distance sont approximativement proportionnels : $r'(t') = \beta'(t)ct' \approx ct'$.[5] Sous ces approximations les quantités évaluantes dépendent seulement en valeur moyenne de la distance de la région active du engin central. Mathématiquement, cette approximation est équivalente à la supposition d'un comportement semblable aux ondes - autosimilitude - pour des quantités dynamiques, c.à.d. elles dépendent de $r' - c\beta't'$ plutôt que r' et t' séparément. Quand $\beta' = const$, c.à.d. quand il n'y a aucune collision ou dissipation, ceci est une solution exacte. Dans ce cas la solution à chaque point peut être obtenue de la solution d'un point.

Distribution d'énergie des électrons et autres paramètres physiques :
Dans le traitement standard du modèle SSC [142, 147] une distribution de loi de puissance simple est souvent utilisé pour le facteur de Lorentz des électrons accélérés $n'_e(\gamma_e) = N_e(\gamma_e/\gamma_m)^{-(p+1)}$ pour $\gamma_e \geqslant \gamma_m$. On considère aussi que les paramètres uti-

---
5. Les quantités avec prime sont mesurées par rapport au repère de la couche lente et sans prime par rapport un observateur lointain au même redshift que l'engin central. Les paramètres n'ont pas de prime même quand la paramétrisation est par rapport du repère de la couche lente.

2.3. Physics astroparticule de haute énergie

lisés pour la modélisation phénoménologique du choc et de l'émission SSC comme les fractions d'énergie cinétique totale transférée aux électrons accélérés ϵ_e et à un champ magnétique transversal ϵ_B d'être constantes. Cependant, dans un phénomène évoluant aussi rapidement que GRB, ces suppositions ne semblent pas réalistes. Pour cette raison dans notre formulation on suppose que ϵ_e, ϵ_B, et la densité se évoluent avec le temps.

Pour la distance initiale entre l'engin central et le lieu de la collision entre des couches, nous utilisons des valeurs dans la gamme de $\sim 10^{10} - 10^{12}$ cm au lieu des distances plus longue de $\gtrsim 10^{14}$ cm considérées dans la littérature. Ceci mène aux décalages courts entre des bandes d'énergie en accord avec des observations. La motivation pour ce choix est la détection de variabilités jusqu'à la résolution du temps la plus courte des instruments disponibles c.à.d. $\sim 10^{-3}$ sec et les résultats des simulations du disque d'accrétion discutés en détail dans [HZ-A 5]. Elles sont associées aux anisotropies dans le disque d'accrétion autour de l'objet compact se formant, vraisemblablement un trou noir ou une étoile à neutrons, dans le centre de l'étoile s'effondrant. Nous devrions rappeler que les ondes de densité formées dans le choc sont par définition des anisotropies, mais la variation qu'elles incitent doit avoir une échelle beaucoup plus courte.

Nos formulation et simulations peuvent inclure un champ magnétique externe. En fait, PIC simulations montrent que la présence d'un champ parallèle facilite la formation des ondes de densité et des champs électriques et magnétiques transversaux induits [150]. Le champ magnétique externe dans GRB peut avoir des origines diverses : un flux Poynting en précession, le champ magnétique gelé dans le plasma, le champ magnétique du engin central ou son disque d'accrétion, et le champ de dynamo de l'enveloppant s'il n'est pas complètement interrompu par l'explosion. Évidemment une combinaison de tous ces champs peut être présente. Pour cette raison et aussi parce que notre modèle simple ne peut pas distinguer entre ces champs, nous ne spécifions pas l'origine du champ magnétique dans la formulation mathématique ou dans les simulations, et considérons simplement un champ externe en précession avec une origine d'autre que le choc.

En plusieurs endroit dans nos simulations nous utilisons les découvertes des simulations PIC pour choisir les valeurs initiales des variables, des paramètres et des distributions. Par exemple, les simulations des chocs relativistes de $e^{\pm}$ plasma montrent que soit la distribution des électrons accélérés est près d'une loi de puissance avec un cutoff exponentiel $n'_e(\gamma_e) = N_e(\gamma_e/\gamma_m)^{-(p+1)} exp(-\gamma_e/\gamma_{cut})$, soit une loi de puissance brisée [149]. Alors, nous utilisons ces distributions au lieu de la loi de puissance simple habituellement utilisée dans la littérature. Dans le calcul de la dispersion Compton Inversé (IC) des photons nous utilisons la distance de pénétration des électrons accélérés dans la couche lente $\lesssim \mathcal{O}(1) \times 10^3 \lambda_{ep}$, où λ_{ep} est la longueur d'ondes du plasma des électrons. Cette quantité est cruciale car si nous utilisons la même densité d'électrons accélérés dans totalité de la couche lente, la plupart des photons seraient dispersés avant qu'ils ne puissent échapper des couches en collision. Cet effet mène à un écart significatif de leur spectre et crée un spectre contenant deux pics, en contradiction avec les observations.

Formulation

La conservation d'énergie et d'impulsion détermine l'évolution du choc. La vitesse β' de la couche rapide (région active) diminue en raison de l'absorption des particules de la couche lente et de la dissipation de son énergie cinétique comme la radiation synchrotron et Compton inversé. Après un changement des variables, les équations de conservation d'énergie et d'impulsion pour la région active peuvent être écrites comme :

$$\frac{d(r'^2 n' \Delta r' \gamma')}{dr'} = \gamma' \left(r'^2 \frac{d(n' \Delta r')}{dr'} + 2r'(n' \Delta r') \right) + r'^2 (n' \Delta r') \frac{d\gamma'}{dr'} = n'_0(r) r'^2 - \frac{dE'_{sy}}{4\pi m c^2 dr'} \quad (2.128)$$

$$\frac{d(r'^2 n' \Delta r' \gamma' \beta')}{dr'} = \beta' \gamma' (r'^2 \frac{d(n' \Delta r')}{dr'} + 2r'(n' \Delta r')) + r'^2 (n' \Delta r') \frac{d(\beta' \gamma')}{dr'} = -\frac{dE'_{sy}}{4\pi m c^2 dr'} \quad (2.129)$$

où r' est la distance moyenne de la région active du engin central, n' est la densité du nombre baryonique de la couche rapide mesurée dans le repère de la couche lente, n'_0 est la densité du nombre baryonique de la couche lente dans son repère et en général elle dépend de r'. Nous supposons que $n'_0(r') = N'_0(r'/r'_0)^{-\kappa}$. Pour l'ISM ou les couches minces où la variation de densité est négligeable $\kappa = 0$, c.à.d. aucune dépendance radiale. Pour un vent entourant l'engin central $\kappa = 2$. Si nous négligeons l'expansion transversale du jet, pour une couche mince étendant de manière adiabatique $\kappa = 2$ aussi. Si la durée de vie de la collision est courte nous pouvons négliger le changement de densité en raison de l'expansion pendant la collision et donc $\kappa = 0$. La variable $\Delta r'$ est l'épaisseur de la région active, γ' est le facteur de Lorentz de la couche rapide par rapport à la couche lente, $\beta' = \sqrt{\gamma'^2 - 1}/\gamma'$, $m = m_p + m_e \approx m_p$, E'_{Sy} est l'énergie totale émise et c est la vitesse de la lumière. L'évolution du rayon moyen de la couche est :

$$r'(t') - r'(t'_0) = c \int_{t'_0}^{t'} \beta'(t'') dt'' \quad (2.130)$$

où on considère le temps initial t'_0 d'être le début de la collision. Les équations (2.128) et (2.129) peuvent être résolues exactement pour la densité de colonne de la région

2.3. Physics astroparticule de haute énergie

active $n'(r')\Delta(r')$. L'évolution de $\beta'(r')$ est déterminée de l'équation suivante :

$$\frac{d}{d\left(\frac{r'}{r'_0}\right)}\left[\frac{(\frac{r'}{r'_0})^{3-\kappa} - 1 + \frac{(3-\kappa)n'(r'_0)\Delta r'(r'_0)}{n'_0 r'_0}\gamma'_0(1-\beta'_0))\beta'}{(3-\kappa)(1-\beta')}\right] =$$

$$-\frac{\mathcal{A}\gamma'^7 \Delta r'}{\beta'\Delta r'(r'_0)}\left(\frac{r'}{r'_0}\right)^{2-\eta} - \frac{\mathcal{A}_1\gamma'^5 \Delta r'}{\beta'\Delta r'(r'_0)}\left(\frac{r'}{r'_0}\right)^{2-\eta_1} \quad (2.131)$$

$$\mathcal{A} \equiv \frac{4\alpha m_p^2 \sigma_T n'_0 \Delta r'(r'_0)\epsilon_e^2(r'_0)\epsilon_B(r'_0)}{3m_e^2} \quad (2.132)$$

$$\mathcal{A}_1 \equiv \frac{\alpha m_p \sigma_T \Delta r'(r'_0)\epsilon_e^2(r'_0)B'^2_{ex\perp}(r'_0)}{6\pi c^2 m_e^2} \quad (2.133)$$

où $\eta \equiv 2\alpha_e + \alpha_B + 2\kappa$ et $\eta_1 \equiv 2\alpha_e + \kappa + \alpha_x$, où α_e, α_B et α_x sont respectivement les indices des lois de puissance de ϵ_e, ϵ_B, et le champ magnétique externe B_{ex} défini comme $x \propto (r/r_0)^{-\alpha}$ pour chacun d'entre eux. L'équation (2.131) n'a pas de solution analytique. Nous utilisons une technique itérative qui permet de déterminer la solution comme une fonction du *couplage* $\mathcal{A}$ et $\mathcal{A}_1$. Les détails de ce calcul sont décrits dans [HZ-A 8, 5].

Pour la détermination du flux synchrotron nous utilisons des formulations déjà connus. Néanmoins, nous devons intégrer sur la distribution angulaire d'émission pour l'observateur. Notamment, nous devons prendre en compte le fait qu'en raison des effets relativistes même l'émission d'une couche sphérique semble fortement collimatée pour les observateurs lointains. L'angle de collimation est $\sim 1/2\Gamma(r)$ où $\Gamma(r)$ est le facteur de Lorentz de la région active. Les détails de ce calcul sont discutées dans [HZ-A 8]. Finalement, après l'intégration sur l'angle d'émission l'expression pour le flux synchrotron reçu est :

$$\frac{dP}{\omega d\omega} = \frac{4\sqrt{3}e^2}{3\pi}r^2\frac{\Delta r}{\Gamma(r)}\int_{\gamma_m}^{\infty} d\gamma_e n'_e(\gamma_e)\gamma_e^{-2}K_{2/3}\left(\frac{\omega'}{\omega'_c}\right) + \mathcal{F}(\omega, r) \quad (2.134)$$

où $\mathcal{F}(\omega, r)$ inclut des termes sous-dominants et les termes dépendant de courbure de la surface d'émission. Dans [HZ-A 8] il est démontré que ces termes sont beaucoup plus petits que le terme dominant, ainsi nous les négligeons dans les simulations.

L'avantage de l'approximation présentée ici est dans le fait que l'on peut utiliser les solutions analytiques approximatives pour étudier les effets des divers paramètres et des quantités sur l'évolution de dynamique du jet et son émission synchrotron. Cependant, le prix à payer pour cette simplification est que nous ne pouvons pas déterminer l'évolution de $\Delta r'(r')$ des premiers principes et devons considérer un modèle phénoménologique. Dans nos simulations nous avons utilisé les expressions phénoménologiques suivantes :

$$\Delta r' = \Delta r'_\infty \left[1 - \left(\frac{r'}{r'_0}\right)^{-\delta}\right] \Theta(r' - r'_0) \quad \text{Steady state model} \quad (2.135)$$

$$\Delta r' = \Delta r_\infty \left[1 - \exp(-\delta'\frac{r'}{r'_0})\right] \Theta(r - r'_0) \quad \text{Exponential model} \quad (2.136)$$

$$\Delta r' = \Delta r'_0 \left(\frac{\gamma'_0 \beta'}{\beta'_0 \gamma'}\right)^\tau \Theta(r' - r'_0) \quad \text{dynamical model} \quad (2.137)$$

$$\Delta r' = \Delta r'_0 \left(\frac{r'}{r'_0}\right)^{-\delta} \Theta(r' - r'_0) \quad \text{Power-law model} \quad (2.138)$$

$$\Delta r' = \Delta r'_0 \exp\left(-\delta'\frac{r'}{r'_0}\right) \Theta(r' - r'_0) \quad \text{Exponential decay model} \quad (2.139)$$

La largeur initiale $\Delta r'(r'_0)$ dans les deux premiers modèles est le zéro, donc ils sont appropriés pour la description de formation d'une région active au début du chocs internes ou externes. Les trois derniers modèles sont appropriés pour décrire la croissance plus modérée ou le déclin de la région active.

Simulations

La table 2.2 montre la liste des paramètres de ce modèle. En raison de leur grand nombre il n'est pas possible d'explorer la totalité d'espace de paramètres de manière systématique. Donc, dans cette section je montre quelques exemples des courbes de lumière et des spectres de GRB simulées. Chaque simulation consiste au moins de 3 intervalles du temps (des régimes) pendant lesquels les exposants qui définissent l'évolution en temps des quantités variantes sont constants. De plus, chaque intervalle du temps correspond à un modèle donné pour l'évolution de la largeur de la région active. Le premier régime doit être du type soit *steady state* soit exponentiel, car la largeur initiale de la région active est nulle et elle doit augmenter à une valeur non nulle pour déclencher un sursaut. Des régimes suivants peuvent être du type dynamiques ou loi de puissance. La correspondance entre les valeurs des quantités évoluantes aux bornes des régimes assure la continuité des grandeurs physiques.

La figure 2.18 montre quelques exemples des sursauts simulées sans et avec un champ magnétique externe. Il est clair qu'en présence d'un champ externe les explosions sont en général plus brillantes, durement plus long temps, et les décalages entre les courbes de lumière des bandes d'énergie diverses sont dans plus petits et mieux en accord avec des observations. Néanmoins, quelques sursauts simulés ont de petits décalages même en absence d'un champ externe. Donc, la présence du champ supplémentaire n'est pas une condition nécessaire pour la formation d'un sursaut. Les courbes de lumière de ces exemples montrent que malgré la présence d'un champ

2.3. Physics astroparticule de haute énergie

TABLE 2.2 – L'ensemble des paramètres du modèle phénoménologique des chocs.

model r_0 (cm)	$\frac{\Delta r'_0}{r'_0}$	p	α_p	γ_{cut}	κ	γ'_0	τ	δ	ϵ_B	α_B
ϵ_e	α_e	N'_0 (cm^{-3})	$n'\Delta r'(r'_0)\Gamma_f$ (cm^{-2})	$\|B\|$ (Gauss)	f (Hz)	α_x	phase (rad.)	$(\frac{r'}{r'_0})_{max}$		

en précession - semblable à ce que l'on voit dans des pulsars et magnetars - il y a à peine une signature d'oscillation dans ces courbes de lumière, en particulier dans les bandes à haute énergie. Seulement quand la durée du sursaut est quelques fois plus longue que la période des oscillations la précession du champ crée un composant périodique détectable dans les courbes de lumière, voir la figure 2.19. Il faut aussi remarquer que les oscillations sont plus visibles dans des bandes du rayon X douce et UV/optique. Cependant, seulement dans le cas de la détection d'un précurseur bien séparé les données aux énergies basses sont disponibles pendant l'émission prompte. De plus, la nécessité de pondération des données optiques pour réduire le bruit peut enduire des oscillations rapides, voir la figure 2.19. Alors, une telle oscillation peut être à peine observée dans les GRB réels. D'autre part, dans beaucoup d'explosion, par exemple GRB 070129, GRB 080310, et GRB 100728A les variations semi-périodiques au début des courbes de lumière en bandes X, semblables à deux des exemples dans la figure 2.18, ont été observées pendant quelques centaines de secondes.

Notre modèle peut être appliqué aux sursauts tant longs que courts. On montre un exemple de simulation des sursauts courtes dans la figure 2.19. Les décalages dans cet exemple sont très courts tant en présence ou absence d'un champ magnétique externe. Ainsi les deux cas sont compatibles avec des décalages proches du zéro observés dans les sursauts courts réels. Cette figure aussi montre que la précession très rapide du champ magnétique externe peut être confuse avec le bruit de grenaille. Une propriété remarquable des simulations avec un champ magnétique externe est la présence des sous-structures non périodiques dans les courbes de lumière dues à la non linéarité et la variation rapide des grandeurs physiques influençants l'émission.

La figure 2.20 montre quelques exemples des spectres obtenus pour des sursaut simulées. Ils ont des variétés de comportements aux hautes énergies. Notamment, quand l'énergie du cutoff est haute et le spectre est plus plat que ce qui est possible pour une loi de puissance simple c.à.d. $p \leqslant 2$, la pente du fluence aux énergies très élevées est positive, c.à.d. le flux augment avec l'ńergie. Évidemment, même dans ce cas aux énergies très élevées les courbures du spectre et la pente deviennent négatifs. Un exemple de tels cas est le spectre pointillé-tiret dans le premier plan de la figure 2.20. Dans cette figure on donne aussi quelques exemples des spectres

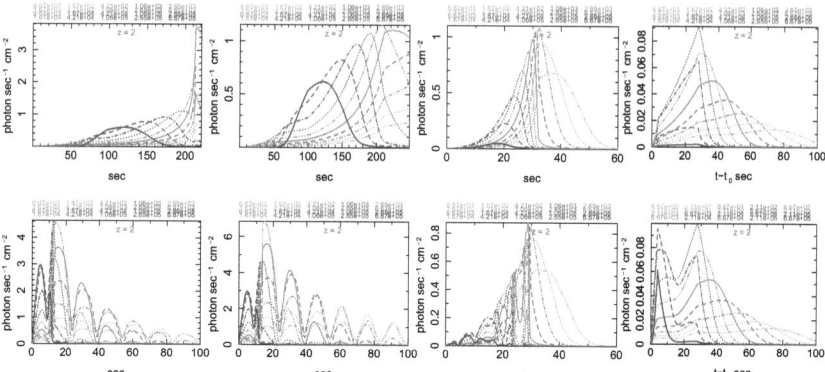

FIGURE 2.18 – Premier rang : Les GRB simulés sans champ magnétique externe. Chaque simulation inclut 3 régimes. Les décalages dans les deux premiers modèles de gauche sont trop grands pour être compatibles avec des observations. Deuxième rang : Les simulations avec un champ magnétique précessant externe. De gauche à droite : 1) $|B| = 100$ kG, $f = 0.2$ Hz 2) $|B| = 12$ kG, $f = 0.2$ Hz et moyen régime dynamique, 3) $|B| = 100$ kG, $f = 0.2$ Hz et le régime au milieu *steady state*, 4) $|B| = 2.5$ kG, $f = 0.1$ l'Hz. D'autres paramètres sont les mêmes que dans les simulations du premier rang. Dans tous les figures de bandes d'énergie des courbes de lumière sont écrit en haut et la couleur de leur police de caractères correspond à la couleur de la courbe de lumière de la bande.

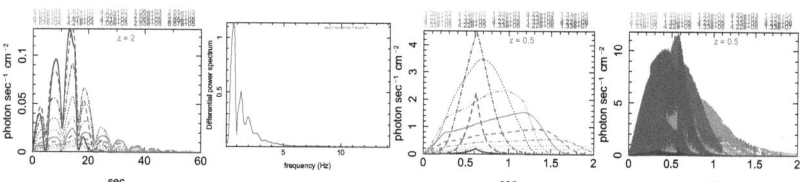

FIGURE 2.19 – De gauche à droite : 1) La simulation d'un sursaut avec un champ magnétique précessant et 2) sa fonction de distribution de puissance (PDF) de la courbe de lumière totale. Le composant oscillant dans les bandes à haute énergie est visible par l'oeil et dans le PDF. 3,4) les simulations d'un sursaut court sans et avec précession rapide $f = 500$ Hz du champ magnétique externe. La comparaison des deux figures montre qu'en raison de la non linéarité de la dynamique, le champ magnétique peut inciter des sous-structures aux durées beaucoup plus longtemps que la période de précession.

Chapitre 2. Exposé synthétique des recherches

2.3. Physics astroparticule de haute énergie

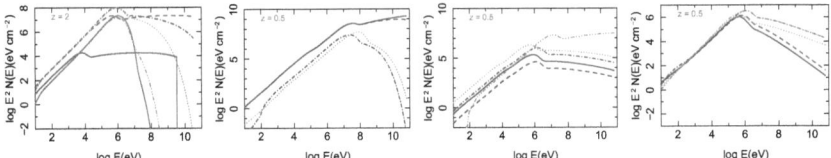

FIGURE 2.20 – Premier rang, de gauche à droite : Spectres des sursuats simulés pour chaque intervalle du temps. Les caractéristiques des simulations : 1) Distribution des électrons : loi de puissance avec un cutoff exponentiel, $p = 2.5$ et $\omega_{cut}/\omega_m = 0.5$ (ligne pleine), 1 (tiret-3 points), 10 (pointillée), 100 (tiret-pointillée); $p = 1.9$ et $\omega_{cut}/\omega_m = 1000$ (tiret). Le champ magnétique externe de ces simulations est 10 kG. Le spectre avec une petite amplitude (ligne pleine) correspond à $p = 1.9$ et $\omega_{cut}/\omega_m = 1000$ mais aucun champ magnétique externe. 2) Distribution des électrons : loi de puissance avec un cutoff exponentiel,, $|B_{ext}| = 70$ kGauss : $\omega_{cut}/\omega_m = 1000$, $p = 1.5$ (ligne pleine); $\omega_{cut}/\omega_m = 100$, $p = 1.5$ (tiret); $\omega_{cut}/\omega_m = 3$, $p = 2$ (tiret-pointillée); $\omega_{cut}/\omega_m = 3$, $p = 2.5$ (pointillée). 3) Distribution des électrons : loi de puissance avec un cutoff exponentiel, $|B_{ext}| = 100$ kGauss : $\omega_{cut}/\omega_m = 1000$, $p = 2.5$, $\epsilon_e = 0.002$, $\Gamma = 500$ (ligne pleine); ω_{cut}/ω_m et p égale au cas précédent, $\epsilon_e = 0.02$, $\Gamma = 50$ (tiret); $n'_0 = 5 \times 10^{15}$ cm^{-3} et les autres paramètres les mîmes que le cas précédent (tiret-pointillée); p variable avec les indices initial -0.2, 0, 0.5, initialement $p = 2.5$ et $\epsilon_e = 0.002$ (pointillée); $p = 1.8$, les mêmes indices que le cas précédent, et $\omega_{cut}/\omega_m = 0.5$, 1000, 100 (tiret-3 points). 4) Distribution des électrons : loi de puissance brisée avec la pente à $\omega_{cut}/\omega_m = 3$ et $p_1 = 2.5$, $p_2 = 4$, $|B_{ext}| = 17$ kGauss (ligne pleine); $p_1 = 2.1$, $p_2 = 4$ et le même $|B_{ext}|$ (tiret); $p_1 = 2.1$, $p_2 = 3$, $|B_{ext}| = 26$ kGauss (tiret-pointillée); la même pente et $|B_{ext}| = 35$ kGauss (pointillée); la même pente et $|B_{ext}| = 70$ kGauss (tiret-3 points). Ces simulation reproduient des spectres de GRB observés dans des différentes intervalles du temps mesuré par le détecteur Fermi-LAT; par exmple GRB 090926A [153], GRB 090510 [154], et GRB 080916C [155]

à large bande des sursauts réels observés par Fermi pour démontrer leur similitude avec les simulations.

Diffusion Compton inversée : Nous avons aussi simulé l'émission Compton inversé (IC) des GRB. Parce que l'interaction entre des photons et des électrons accélérés n'affecte pas significativement le dynamique du choc, nous pouvons déterminer le flux d'IC et son spectre séparément. On doit rappeler que pour des observateurs lointains les électrons et les photons d'émission synchrotron tous les deux sont boostés dans leur direction. Alors, l'énergie du CM de leurs interactions est petite et très peu d'énergie est échangé entre eux. Cet argument qualitatif montre que la dispersion Compton inversé ne peut pas être une source significative des photons de haute énergie. Par contre, dû au retard entre la production des photons par l'émission synchrotron et leur dispersion par des électrons, leurs courbes de lumière sont plus étendues dans le temps. Les simulations discutées ci-dessous sont en accord avec cette description.

En utilisant l'équation de Boltzmann, le taux de dispersion Compton peut être écrit comme :

$$\frac{\partial F'^{(\gamma)}_C(E')}{\partial t'} = 4\pi^3 c \int_{\gamma_m}^{\infty} \frac{d\gamma_e}{\gamma_e} \int \frac{dE'_1}{E'_1} F'^{(\gamma)}_{sy}(E_1) n'_e(\gamma_e) \times$$
$$\int d(cos\theta')\theta') A(\gamma_e, E'_1) \frac{d^2\sigma(\gamma_e, E'_1, \theta', E')}{E'dE'd\theta'} \quad (2.140)$$
$$A(\gamma_e, E'_1) \equiv P'_e . P'_\gamma$$

où $F'^{(\gamma)}_C$ et $F'^{(\gamma)}_{Sy} = dP_{Sy}/\omega'd\omega'$ sont respectivement la densité du nombre de photons produits par la dispersion Compton et des photons produits par l'émission synchrotron, θ' est l'angle entre le photon dispersé et sa direction originale, P'_e et P'_γ sont respectivement les 4-vecteurs d'impulsion de l'électron entrant et le photon. Nous avons considéré la collision tête à tête pour obtenir une limite supérieure pour les photons dispersés par le processus de Compton inversé, et nous avons intégré sur toutes les directions possibles dans le repère du choc (la région active). Les deux processus Thompson et Klein-Nishina c.à.d. les canaux s et t sont incluses dans la section efficace *sigma* du processus Compton.

Pour déterminer $F'^{(\gamma)}_C$, on doit intégrer le côté droit de (2.140) par rapport du temps. Un point important à être considéré est l'étendue de la distribution des électrons accélérés à l'intérieur de la couche lente. Les photons synchrotron sont émis par des électrons accélérés dans le EES très proche au front du choc. Les simulations PIC montrent que la largeur d'EES est seulement $\sim 10\lambda_{ep}$, où λ_{ep} est la longueur d'ondes du plasma d'électrons et les électrons accélérés diffus à l'intérieur de la couche lente jusqu'à $\sim 1000\lambda_{ep}$ [149]. Alors, les photons synchrotron qui ne sont pas dispersés dans cette couche mince, ne recontrons pas d'électron accéléré venant vers eux (dans le rep'ere de la couche lente) à plus grandes distances. Pour cette raison l'intégration de (2.140) doit être limitée au temps que les photons traversent cette région. Si on intègre naïvement cette équation pour le temps complet du passage dans la couche lente - supposant que sa fin coïncide avec la fin de l'émission synchrotron - on obtient une déformation significative du spectre du synchrotron qui est en contradiction avec les observations. Évidemment, l'absence d'information concrète sur la microphysique du choc incite une grande incertitude dans la détermination du paramètre Compton et ainsi, la contribution de la dispersion Compton dans la formation du spectre observé. Néanmoins, la similitude des spectres simulés avec des observations est la preuve que nos évaluations ne sont pas trop loin des vraies valeurs. On montre un exemple du sursaut simulée incluant la contribution IC dans la figure 2.21. Bien que les courbes de lumière des photons dispersés par IC sont plus étendues dans le temps, leur contribution aux hautes énergies est trop petite pour expliquer le retard

2.3. Physics astroparticule de haute énergie

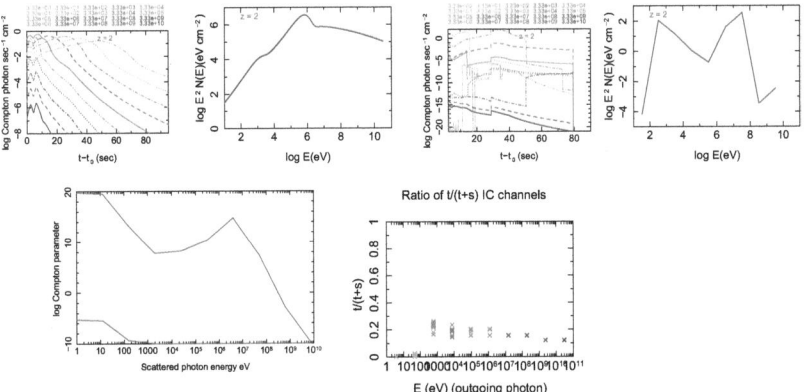

FIGURE 2.21 – Premier rang, de gauche à droite : Les courbes de lumière d'émission synchrotron, le spectre total incluant contribution de IC, les courbes de lumière et le spectre du Compton inversé. Deuxième rang, gauche : Paramètre de Compton, pour la même densité d'électrons accélérés partout dans la couche lente (bleue), pour la couche contenant des électrons accélérés selon des simulations PIC (magenta) ; Droite : la fraction de Klein-Nishina dans la section efficace de IC.

observé de l'émission haute énergie. Ils peuvent avoir une petite contribution aux énergies basses qui rend le spectre plus plat que le synchrotron.

Origin d'émission de haute énergie

Pour produire une émission Compton forte, les électrons accélérés se déplaçant vers un observateur lointain (dans leur repère) doivent entrer en collision - en préférence tête à tête - par exemple avec des photons de la matière enveloppant la source. Le problème avec cette suggestion est le fait qu'à la fin de collision le choc est beaucoup plus faible, ainsi il n'y a pas de suffisamment d'électrons de haute énergie dans les alentours. De plus, dans ces moments le jet est bien à l'extérieur de l'enveloppe de l'étoile, ainsi la densité des photons d'environnement est relativement bas. D'autres explications sont aussi suggérées pour l'émission retardée. Par exemple, le choc externe vers l'avant [?], la dispersion Compton des photons photosphériques par les électrons de haute énergie dispersés en amont [157], etc. Bien que ces deux processus puissent avoir de contribution dans le flux observé, il semble peu probable qu'ils fournissent une explication satisfaisante pour toutes les sursauts avec une émission de haute énergie retardées observées par Fermi-LAT. Les chocs externes sont d'habitude trop faibles et doux pour expliquer le flux observé. S'il y a des photons supplémentaires d'une autre source plutôt que l'émission synchrotron, l'efficacité de dispersion de Compton augmenterait. Cependant, aucune signature de ces photons qui doivent aussi contribuer à l'émission d'énergie basse n'a été trouvée.

Dans [HZ-A 5] nous avons proposé deux processus qui peut inciter du retard à l'émission haute énergie des GRB. Les électrons sont accélérés pendant leur oscillant amont-aval dans le front de collision - la région active - où l'onde électromagnétique stationnaire (EES) est concentrée [149, 150]. Une minorité des électrons sont accélérés aux énergies très élevées et ont un très grand rayon Larmor. Près de la fin de collision, les champs électriques et magnétiques affaiblissant à l'intérieur du front de choc ne sont plus assez pour les enfermer, ainsi ils échappent à l'aval où le flux du champ magnétique est très petit en raison d'un effet d'écran partiel [160, 149]. Ces électrons ne perdent pas leur énergie, jusqu'au moment où soit ils sont dispersés par le processus Compton avec les photons ou bien l'affaiblissement du choc enlève l'effet écran et ils dissipent leur énergie dans le champ magnétique externe.

Une autre explication pour le composant retardé est un mouvement résonant des électrons les plus énergiques avec l'EES. En raison de la différence de phase entre les champs électriques et magnétiques, les électrons sont accélérés où le champ électrique est fort et perdre leur énergie où le champ magnétique est fort. Bien que nous ne ayons pas encore une simulation complète de ce processus, il est perceptible qu'avec l'évolution du choc le champ électromagnétique devient progressivement non stationnaire et se propage en aval. Les électrons avec les facteurs de Lorentz les plus grands peuvent suivre la propagation du champ pour quelque temps, être ainsi pris au piège dans la région où le champ électrique domine et soient accélérés continuellement jusqu'à ce que leur décalage du champ électromagnétique les amènent dans la région où le champ magnétique domine et dissipent leur énergie par l'émission synchrotron. Ce phénomène explique aussi pourquoi une émission retardée à basses énergies n'est pas observée. Les électrons moins accélérés qui émettent dans des énergies inférieures ne peuvent pas suivre la propagation des ondes électromagnétiques (EES) et leur décalage les mènent très rapidement dans la région de domination du champ magnétique où ils dissipent leur énergie. En utilisant des valeurs typiques pour des quantités pertinentes, nous trouvons des retards typiques jusqu'à quelques cents de secondes pour les photons de $E \gtrsim 10^{10}$ eV qui est en accord avec des observations.

2.3.4 Applications aux GRBs

Dans [HZ-A 8] avec la formulation théorique, une procédure pour modéliser les GRB et extraire les paramètres du modèle est décrite. Il n'est encore entièrement appliqué à aucune donnée GRB, néanmoins une première version du modèle et de la procédure a été utilisé pour analyser et interpréter des données de quelques

2.3. Physics astroparticule de haute énergie

sursauts, notamment GRB 060607 [HZ-A 10] dans lequel il y avait un pic large et asynchron dans la courbe de lumière UV/optique par rapport aux pic observés par les télescopes XRT and BAT de Swift. Certains auteurs l'ont interprété comme le choc inverse [158]. Nous avons interprété ce pic comme le déplacement de la fréquences caractéristique vers la bande optique de l'émission synchrotron du premier pic, sa contrecoup ou leur combinaison. Depuis cette observation, des pics semblables sont observés dans beaucoup d'autres GRB [159], Kim, *et al.* [HZ-A 15], y compris des sursauts courts (en royon X)[HZ-R 17, 19]. Ils montrent que cet effet est une caractéristique commune des contrecoups des GRB. Le retard du pic par rapport des bandes d'énergie plus hautes - voir par exemple l'image 10 dans Kim, *et al.* [HZ-A 15], est une évidence de la relation directe entre l'émissions en optiques et en énergies plus hautes. Après les simulations montrées dans la figure 2.18, il est clair que si la durée du sursaut est quelques fois plus longue que de la période de la précession du champ magnétique externe, les (semi)-oscillations deviennent détectables. Le meilleur exemple jusqu'ici étudié est GRB 090709A [161], bien que d'autre études conclue contrairement [162]. La découverte de la galaxie hôte de ce sursaut [163] a prouvé qu'il s'agit bien d'un véritable GRB. Nous avons examiné le spectre de puissance des courbes de lumière de cette sursaut. En place d'enlever un composant lissé - la méthode utilisée par les autres études de ce sursaut - nous avons calculé le spectre de puissance directement avec 500 répétition du spectres aléatoirement modifiés pour les mêmes courbes de lumière avec un bruit Gaussian. La figure 2.22 montre les résultats de cette analyse. Nous trouvons une signature d'oscillation claire à la fréquence trouvée par l'équipe de Swift. Un autre exemple des sursauts avec (semi)-oscillations est GRB 121217A [164], voir la figure 2.23. Il avait deux pics brillants séparé en temps d'environ 600 sec. Pour cette raison le deuxième pic a été observé simultanément par BAT et XRT. Dans ce cas les oscillations ont une longue période d'environ 70 sec, et les pic semblent dêtre indépendants.

2.3.5 Conclusion

Les émissions haute énergie d'origine astronomique et cosmologique sont produite dans des objets les plus exotiques et des environnements les plus extrêmes de l'Univers. J'ai présenté ma recherche dans deux des catégories les moindres comprises de ces émissions : les rayons cosmiques de haute énergie et les sursauts gamma. J'ai étudié la propagation des particules de MS de haute énergie sur les distances cosmologiques en simulant leur propagation et dissipation d'énergie et ai évalué leur flux attendu sur terre dans le cadre des modèles top-down d'une matière noire superlourde meta-stable, et j'ai mis de contraintes sur leur durée de vie. J'ai constaté qu'en raison de la dissipation d'énergie la durée de vie de telles particules peut être beaucoup plus courte que ce qui a été précédemment suggérée dans la littérature. Certains des résultats comme la dominance du composant galactique aux hautes

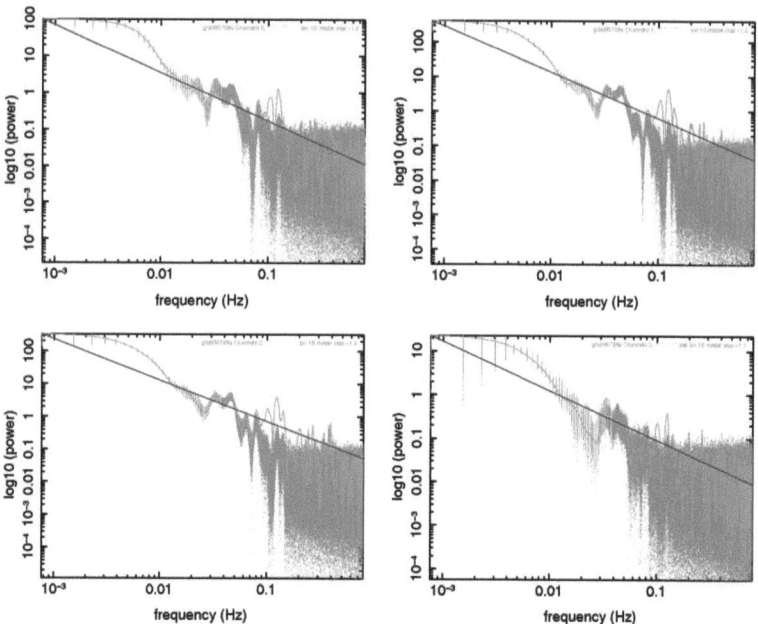

FIGURE 2.22 – Le spectre de puissance du GRB 090709A dans 4 bandes de Swift-BAT non chevauchant, de haut en bas, gauche à droite : 15-25 keV, 25-50 keV, 50-100 keV, 100-350 keV (orange). Nous avons utilisé des courbes de lumière du BAT avec une résolution de 64 msec et les ont pondérées (la taille du bin = 10). Les points en turquoise présentent 500 spectres de courbes de lumière modifiées par y ajoutant à chaque donnée une valeur aléatoire avec une distribution Gaussian et un écart-type égale à 1σ de l'incertitude de la donnée. La ligne violette présente un ajustement analytique pour obtenir une indice d'inclinaison moyenne qui est de $\alpha = -1.3$ pour le spectre (pour un pic de forme triangle bilatéral idéal $\alpha = -2$). Le pic autour $f = 0.12$ Hz est clairement distinguable du bruit et est en accord avec les analyses dans la littérature. Il y a aussi quelques autres pics aux fréquences plus hautes mais avec beaucoup moins de signification. L'inspection des courbes en échelle linéaire de fréquence montre que le plus probablement ils ne sont pas du bruit mais les harmoniques de l'oscillation à $f = 0.12$ Hz. Les deux larges pics aux limites basse fréquence sont dus aux pics principaux dans les courbes de lumière et leur première harmonie.

2.3. Physics astroparticule de haute énergie

énergies sont également pertinent si les rayons cosmiques ultra énergétiques proviennent des sources astronomiques. Le code pour étudier la propagation des particules de haute énergie est indépendant de leur origine et peut être utilisé pour étudier d'autres modèles que top-down.

Quant aux sursauts gamma, j'ai étudié une nouvelle formulation approximative pour les chocs relativistes incluant la variation réaliste des propriétés physiques des chocs. Ils peuvent significativement affecter l'émission synchrotron. De plus, cette formulation inclut un champ magnétique externe en précession. Avec les simulations numériques des GRB, j'ai montré que ce modèle approximatif peut expliquer beaucoup de caractéristiques des courbes de lumière et des spectres de GRBs, comme par exemple le très petit décalage entre des bandes d'énergie dans les sursauts courts, les décalages plus grands dans les sursauts long, l'oscillation semi-périodique de la courbe de lumière dans certains sursauts longs, les caractéristiques diverses des spectres à haute énergie dans des diverses intervalles du temps. J'ai proposé une expli-

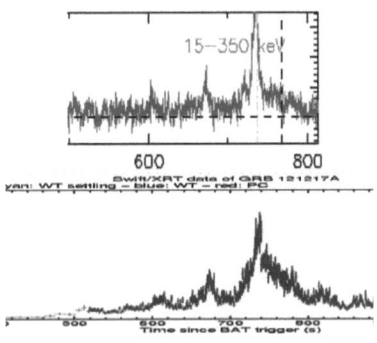

FIGURE 2.23 – Les courbes de lumière de GRB 121217A dans 15-150 keV (haut) et 0.3-10 keV (bas), respectivement mesurées par les instruments Swift BAT (http://gcn.gsfc.nasa.gov/notices_s/542441/BA/) et Swift-XRT (http://www.swift.ac.uk/xrt_products/00542441).

cation pour l'origine de l'émission haute énergie retardée et l'ai associé à la prise au piège des électrons dans la structure électromagnétique dans le front du choc.

La physique des GRB et des chocs relativistes est aussi pertinente pour la compréhension de l'origine des rayons cosmiques de haute énergie. Il est prouvé que le reste des supernovae est une des principales sources des rayons cosmiques. Les sursauts gamma sont suggérés comme un candidat d'origine des UHECRS. Cependant considérant leurs distances cosmologiques, ils ne peuvent pas être directement responsables de la production des particules de hautes énergies qui frappent l'atmosphère terrestre. En tout cas, si les RCUE ont des origines astronomiques, ils doivent être accélérés dans les chocs. Alors, l'étude de la physique des chocs relativistes, en particulier la prise au piège des particules qui peut mener à leur accélération pendant beaucoup plus longue temps, peut être un mécanisme pour la production des particules très énergiques. De plus, le sujet d'accélération des particules est pertinent pour chercher la signature des processus exotiques non thermique de haute énergie dans l'Univers primordial ou plus tard, par exemple par la désintégration, l'interaction, ou l'annihilation de la matière noire, expliquée dans la section 2.2. Pour ces cas, les particules accélérées par des sources astronomiques sont les intrus qui doivent être comprennent et enlèvent.

2.4 Modèles de Brane et gravité quantique

2.4.1 Introduction

Dans le Modèle Standard de physique de particules et la cosmologie il semble y avoir plusieurs ajustements minutieux et hiérarchies. Nous avons déjà discuté les problèmes de la petitesse et coïncidence d'énergie sombre dans la section 2.2. Une autre hiérarchie mystérieuse est la différence énorme entre la force de la gravité et les autres forces. Cette question est reflétée dans ce qui est appelé *la hiérarchie de masse* - dans les plus simples extensions du Modèles Standard aux modèles de Grande unification, les corrections radiatives peut inciter de grandes masses pour les particules du MS. Dans les dernières années de 1990's, l'idée d'une gravité à l'échelle de TeV dans le cadre des modèles de espace-temps à dimensions supplémentaires et la localisation de la matière sur les surfaces appelées *branes* limitant les extra-dimensions a été suggéré comme une solution pour le problème de hiérarchie par Arkani-Hamed, *et al.* [165] et Randall et Sundrum [166]. En particulier, ces derniers auteurs ont démontré que si la géométrie dans l'extra-dimension est déformé de manière exponentielle, leur taille peut être infinie. Ces suggestions ont été inspirées par des travaux antérieurs sur les murs de domaine *(domain walls)* dans des espaces extra-dimensionnels [167] et en M-Théorie avec la compactification dans des espaces bornés par D-brane [168]. Elles ont créé beaucoup d'excitations et d'espoirs, en particulier pendant la première moitié de la décennie dernière. J'ai eu l'occasion d'avoir quelques contributions dans les études de ces modèles. Je les passerai en revue dans cette section.

Dans les propositions pionnières de la gravité à basse échelle, il a été suggéré que seulement les gravitons se propagent dans les extra-dimensions. Plus tard il a été prouvé qu'une localisation totale de tous les champs sauf le graviton sur la brane visible n'est pas réaliste. En fait, les solutions cosmologiques dans la géométrie déformé des modèles de brane sont instables et au moins un champ scalaire dans le bulk, généralement appelé *radion* [169] est nécessaire pour stabiliser la distance entre les branes. Dans certains modèles de brane pour obtenir une inflation pertinente, les inflatons [170] doivent aussi se propager dans le bulk, et ainsi tous les champs qui sont directement produits par sa désintégration à la fin d'inflation pénètrent dans le bulk. Des études plus approfondies de la propagation des ondes gravitationnelles et des particules massives avec des modes dans le bulk ont démontré que même la déformation du bulk ne peut pas arrêter leur fuite des branes [171]. En fait,

2.4. Modèles de Brane et gravité quantique

le confinement dans les modèles de géométrique déformés n'est pas aussi efficace que l'on s'attendait [166] et en particulier les champs d'spin 1 (vectoriel) de jauge doivent se propager, au moins par l'effet tunnel, dans le bulk infinie ou macroscopique déformée, autrement la symétrie de jauge sera brisé. C'est seulement par la modification de leurs interactions et augmentation de leur couplage avec des fermions localisés sur la brane visible qu'ils peuvent être partiellement confinés sur la brane. Mais, ce mécanisme du confinement viole l'universalité de charges. Le confinement des bosons de jauge serait possible si les branes sont des défauts topologiques liés à la gravité quantique (théorie des cordes), et la symétrie brisée associée empêche la production des modes KK aux énergies basses, voir [172] pour une revue. Pour la même raison, leur effet sur la largeur de désintégration de $Z_0/W^\pm$ et le propagateur du gluon serait extrêmement supprimée.

La propagation de particules dans le bulk a des conséquences cosmologiques qu'à priori peuvent être utilisé pour contraindre les modèles de brane. Cependant, les incertitudes des observations et des mesures de paramètres cosmologiques et la dépendance des interprétations aux modèles cosmologiques rendent le test des modèles de brane par l'utilisation des données cosmologiques seules douteux. Les échelles d'énergie accessible aux accélérateurs existants ou de proche avenir sont aussi limitées, et l'échelle fondamentale de gravité et la taille effective d'extra-dimensions peut être contrainte seulement jusqu'à $\sim 30 TeV$. Par contre, les Rayons Cosmiques Ultra Énergies (RCUE) sont observés jusqu'aux énergies de CM de $\sim 10^{15} eV$, environ 3 ordres de grandeur plus haut que des énergies disponibles aux accélérateurs existants. Ils peuvent être utilisés à priori pour contraindre des modèles de brane.

L'interaction des hadrons de haute énergie est de manière dominante dans le régime appelé *du petit* x_B. Ce fait est souvent souligné comme une raison contre la possibilité d'utilisation des RCUE pour rechercher une éventuelle signal de nouvelle physique aux hautes énergies [165, 174]. On doit rappeler qu'il y a une différence essentielle entre les observables dans les accélérateurs de particules et dans les douches aériennes. Dans des accélérateurs seulement les particules avec une impulsion transversale supérieure à une valeur minimale qui dépend de la taille du trou du détecteur sont détectables et les restes des hadrons qui ont soubi la collision et incluent la plupart des particules énergiques ne sont pas visible [HZ-A 38], [HZ-C 30]. Au contraire, dans une douche aérienne à priori il est possible de détecter toutes les particules, en particulier les particules les plus énergiques, et il n'y a aucune discrimination entre les restes énergétiques et semi-durs. Par conséquent, on n'est pas limité aux détections des particules de hautes impulsions transversales. Le reste d'un hadron après la collision consiste en particules très énergiques qui viennent de l'échelle à laquelle le hadron a été accéléré, même si sa cohérence / confinement est brisée par l'interaction des partons à longues échelle de distances (des énergies basses). La non localité de cohérence quantique assure que la mémoire des échelles haute énergie est portée par les particules finales. Quand les particules détectées sont traitées classiquement, leur propagation dans le bulk mène à un retard de leur arrivée s'ils sont reflétés en arrière par la déformation géomtrique. Quand le temps du délai est très court, ce phénomène est équivalent à une masse effective plus grande, soit la production des modes lourdes de Kaluza-Klein (KK).

Dans ma recherche sur la physique des modèles de brane j'ai étudié la signature cosmologique d'une classe des modèles de géomtrie déformée (RS) de brane et leurs implications pour le nucléosynthèse primordial et l'énergie sombre, la propagation des particules traitées classiquement dans le bulk à fin de trouver les signatures observables d'un tel phénomène, et j'ai étudié le QCD dans les géométrie RS1 et RS2 à fin d'examiner leurs implications pour les RCUE et les accélérateurs. Dans les sous-sections suivantes je passe brièvement en revue ces travaux et leurs principaux résultats. En fin dans la dernière partie je passe en revue un travail préliminaire sur une mécanique quantique modifiée qui semble inclure la gravité.

2.4.2 Modèles à deux branes et nucléosynthèse primordial

Il est bien connu que les modèles de brane n'ont pas de cosmologie standard et l'équation Friedmann inclut un terme quadratique en densité de matière en place de seulement un terme linéaire. Néanmoins, il est discuté que quand la densité de matière est beaucoup plus petite que la valeur absolue de la tension de brane, l'effet est négligeable et le terme linéaire est dominant. Pour les modèles Randall-Sundrum (RS) et leurs variantes, cette condition est satisfaite à peu près depuis avant le nucléosyntèse primordial jusqu'au présent, et ne devrait pas avoir des conséquences observables sur les quantité primordiales des éléments léger. De plus, dans le cas des modèles à un brane, les choix spéciaux du composant du tenseur énergie-impulsion dans le bulk $\hat{T}^{55}$ qui stabilise la taille du bulk [175], fournit une cosmologie standard du type FLRW. Des modèles à deux branes ont des complexités supplémentaires et les densités de matière sur les deux branes sont couplées. Ce fait peut sérieusement influencer leur plausibilité. La cosmologie de ces modèles pour des cas spéciale et approximative est étudiée dans [176].

Dans [HZ-C 16, 12] j'ai étudié une solution plus précise des modèles à deux brane avec des valeurs arbitraires pour les constantes cosmologiques sur chacune des branes. Cette étude a montré que même quand la densité de la matière est beaucoup plus petite que la tension des branes et les termes d'ordres supérieurs sont négligeables, la cosmologie sur la brane visible dévie de la cosmologie FLRW et dépend de l'équation d'état de la matière. Il est cependant possible d'effectuer un ajustement minutieux de l'équation d'état de brane cachée tel que les évolutions cosmologiques des branes deviennent indépendantes. En appliquant ces contraintes, il est trouvé qu'au moins pour ce sous-ensemble des solutions, la petitesse de la constante cosmologique et le facteur de déformation sont liés. De plus, l'équation d'état sur la brane cachée

2.4. Modèles de Brane et gravité quantique

devient très proche à une constante cosmologique pure.

Après avoir imposé les conditionnes de bornes sur les brane dans les équation d'Einstein et conservation d'énergie-impulsion et la contrainte supplémentaire de $\rho'_{\Lambda_i} \gg \rho'_{m_i}$, on obtient l'expression approximative suivante pour l'équation de Friedmann sur la brane visible (les indices L et B indique respectivement la brane visible et le bulk) :

$$\frac{\dot{a}_L^2}{a_L^2} = \frac{\hat{\kappa}^2 \rho_B \mathcal{A}}{3\,\mathcal{C}} \left[1 + \left(\frac{\rho'_{\Lambda_0} \sinh(\mu L) - \cosh(\mu L)}{\mathcal{A}} + \frac{2(1-\cosh(\mu L))}{\mathcal{C}}\right)\rho'_{m_L} + \right.$$
$$\left(\frac{\rho'_{\Lambda_L}\sinh(\mu L)-\cosh(\mu L)}{\mathcal{A}} - \frac{3(1-\cosh(\mu L))}{\mathcal{B}}\right)\rho'_{m_0} +$$
$$\left.\frac{3(1-\cosh(\mu L))}{\mathcal{C}}P'_{m_L} - \frac{3(1-\cosh(\mu L))}{\mathcal{B}}P'_{m_0} + \mathcal{O}(\rho'^2_m)\right] \quad (2.141)$$

$$\mathcal{A} \equiv (\rho'_{\Lambda_0}\rho'_{\Lambda_L}+1)\sinh(\mu L) - (\rho'_{\Lambda_0}+\rho'_{\Lambda_L})\cosh(\mu L) \quad (2.142)$$
$$\mathcal{B} \equiv \rho'_{\Lambda_0}(1-\cosh(\mu L)) + \sinh(\mu L) \quad (2.143)$$
$$\mathcal{C} \equiv \rho'_{\Lambda_L}(1-\cosh(\mu L)) + \sinh(\mu L) \quad (2.144)$$

L'équation d'évolution sur brane visible dépend non seulement de la densité de matière de sur les deux branes [176], mais aussi aux pressions c.à.d. leur équation d'état même à présent. Cela est alors en conflit strict avec l'évolution de cosmologie FLRW, mais semblable à quelques modèles de gravité modifiés, voir la section 2.2.5. Il est facile de vérifier que pour l'échelle sans dimension de la déformation μL suffisamment grande, les amplitudes des termes de densité et de pression sont comparables, et il n'est pas possible de négliger ce dernier. Ce comportement a des conséquences importantes pour le nucléosynthèse primordial qui est discuté ci-dessous. D'autre part, il est possible d'ajuster minutieusement l'équation d'état de la matière sur la brane cachée tel qu'il soit découpler de l'évolution cosmologique de brane visible. En consi'erant $P_i = w_i \rho_i$, $i=0,L$ comme l'équation d'état pour la matière et le $\gamma_0 \equiv 1+w_0$,la valeur de γ_0 qui élimine la contribution de la matière sur la brane cachée (2.141) est :

$$\gamma_0 = \frac{\mathcal{B}(\rho'_{\Lambda_L}\sinh(\mu L)-\cosh(\mu L))}{3\mathcal{A}(1-\cosh(\mu L))} \quad (2.145)$$

Notre calcul numérique montre que pour la gamme intéressante du seul paramètre restant dans le modèle $5 < \mu L < 50$, la valeur de w_0 (2.145) est très proche à -1, c.à.d. une constante cosmologique. Cela signifie que la matière devrait être absente de la brane caché ou bien cela doit être un champ scalaire avec un comportement quintessence qui mène à son inflation continue.

Nucléosynthèse Primordial Considérons le modèle à deux branes minutieusement ajusté décrit ci-dessus avec des branes découplées, l'équation Friedmann sur la brane visible prend la forme suivante :

$$H^2 \equiv \frac{\dot{a}_L^2}{a_L^2} = \frac{8\pi G}{3}(\alpha_{hot}\rho_{hot} + \rho_{cold} + \rho_{\Lambda_{obs}} + \mathcal{O}(\rho_m^2)). \qquad (2.146)$$

$$\alpha_i = 1 + \beta w_i, \qquad \beta = \frac{3\mathcal{A}N^2(1-\cosh(\mu L))}{\mathcal{B}\left(\rho'_{\Lambda_L}\sinh(\mu L) - \cosh(\mu L)\right) - 3\mathcal{A}\left(1-\cosh(\mu L)\right)}$$
$$(2.147)$$

Au moment du nucléosynthèse, la contribution des termes d'ordres supérieurs, le composant froid, et la constante cosmologique sont négligeable et :

$$H^2 = \frac{8\pi G}{3}\alpha_{hot}\Omega_{hot}(1+z)^4 \qquad (2.148)$$

où z est le redshift. L'équation (2.148) a la même forme que la cosmologie FLRW avec une masse effective de $\alpha_{hot}\Omega_{hot}$ ou on peut l'interpréter comme une constante de Newton modifié. Ceci modifie la relation entre les quantités primordiales des éléments légers qui dépendent de la température du plasma $p-n$ quand les neutrinos se découplent du processus d'interaction faible $p + e \leftrightarrows n + \nu$:

$$\frac{\Gamma_{pe\leftrightarrows n\nu}}{H} \approx \frac{1}{\alpha^{\frac{1}{2}}}\left(\frac{T}{0.8 MeV}\right)^3, \qquad T_{freez-out,brane} \equiv T_F \sim \alpha^{\frac{1}{6}} 0.8 MeV. \qquad (2.149)$$

Cette nouvelle température de *freeze-out* diminue le nombre effectif des neutrinos primordiaux. La figure 2.24 montre la fraction de ^4He primordial Y_p en fonction de $\eta \equiv n_b/n_\gamma$ pour FLRW et pour les modèles à deux-brane, et les compare avec des observations. Il est évident que pour $n_\nu^{light} = 3$ le modèle de brane est exclu pour toutes les valeurs raisonnables de η. Cependant, des expériences d'oscillation des neutrinos à courte distance [85] et WMAP [84] semblent suggérer l'existence d'un ou même 2 neutrinos stériles qui augmente le nombre effectif des neutrino.[6]. La figure 2.24 montre aussi la fraction de ^4He primordial quand $n_\nu^{light} = 4$ pour FLRW et les modèles à deux-brane qui sont compatibles avec les observations. La déviation du couplage gravitationnel de la constante de Newton signifie que ce modèle peut être aussi étudié dans le contexte de modèles de gravité modifiés avec les données des future relevés LSS discutés dans la section 2.2.5.

2.4.3 Propagation de particules dans le bulk

---

6. Dans ce calcul l'effet d'oscillation des neutrinos et les effets non thermiques [177] sontt ignoré.

2.4. Modèles de Brane et gravité quantique

Dans cette section je passe en revue l'étude phénoménologique de la propagation des particules de haute énergie dans le bulk rapportée dans [HZ-C 14]. Le but de cet exercice était de trouver les effets observables de ce processus dans les douches aériennes produites par les RCUE dans l'atmosphère terrestre.

Dans la section 2.4.2 nous avons passé en revue plusieurs arguments basés sur les résultats dans la littérature pour des types divers des modèles de brane, pour démontrer qu'il n'est pas réaliste de supposer seulement les gravitons pénètrent dans le bulk et les autres particules sont forcées de vivent sur les branes. De plus, dans la théorie des cordes seulement dans une compactification D3/D7 les cordes ouverts qui composent le secteur de matière vient sur le D3-brane et les cordes fermés du secteur de gravitation pénètrent dans le bulk D4. Par ailleurs, les modèles phénoménologiques de Randall-Sundun ont besoin de la

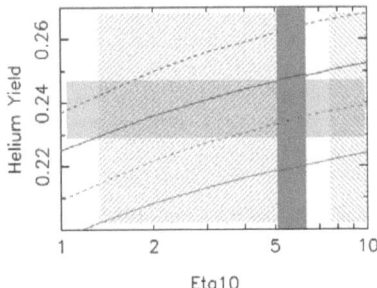

FIGURE 2.24 – La fraction du Hélium primordial Y_p en fonction de $\eta_{10} = n_b/n_\gamma$: FLRW (bleu), les modèles à deux branes étudiés dans [HZ-C 16](magenta). Les courbes pleine et tiret sont respectivement pour $n_\nu^{light} = 3$ et $n_\nu^{light} = 4$. Les régions en hachure correspondent à l'estimation de Y_p provenant des obsesrvations (jaune), et la valeur de η_{10} du nucléosynthèse primordial (vert clair), du CMB observé par BOOMERANG (rouge), et par WMAP (rose foncé).

présence d'une solution du type mur de domaine (domain wall) dans le modèle de supergravité à 5-dimension après la compactification des 5 autres dimensions. Cependant, il a été trouvé difficile de trouver une telle solution avec une symétrie gauche-droite pour le bulk et une déformation de géométrie qui garde les gravitons près de brane visible, comme le modèle de RS le demande [178]. D'autres types de compactification dans le cadre de F-théorie ont été aussi étudiés qui peut-être fournissent une compactification D3 avec une solution du mur de domaine fournissant une géométrie RS, mais il n'y a pas encore une démonstration définitive de ces propriétés [179].

Propagateurs et corrélations entre les modes du bulk et de brane

Supposons qu'une compactification approprié et une solution du mur de domaine existent, des arguments phénoménologiques démontrent que le couplage des gravitons à d'autres particules doit partiellement traîner leur fonction d'onde dans le bulk [166], [HZ-C 14].

Pour les modèles à une brane (RS2) il est démontré [171] que s'ils les champs scalaires et spin-2 ont une masse 5D non zéro, la masse effective 4D de leur modes propres sur la brane est complexe, signifiant qu'ils se diffusent dans le bulk avec une largeur de diffusion $\Gamma/m_4 \propto (m_4/\mu)^2$, $m_4^2 = m_5^2/2$. Si l'échelle fondamentale de gravité quantique est comparable avec l'échelle d'interaction faible, c.à.d. ~ 1 TeV, à l'énergie de CM d'interaction des RCUE les corrections radiatives devraient inciter une masse effective 5D non zéro même pour des particules sans masse comme gravitons. Selon le modèle sous-jacent ceci peut mener à une brisure de symétrie difféomorphism semblable à Higgs qui viole l'invariance de Lorentz [180].

Les fermions ne peut pas être localisé sur la brane visible gravitationnellement, mais une brisure de symétrie chiral peut les confiner [181]. Leur état propre de masse inclut un terme chiral induit par leur interaction avec un scalaire du bulk responsable de la brisure de la symétrie chiral. La largeur du mode zéro dépend du couplage entre les fermions et le champ scalaire mentionné. Quant aux bosons de jauge, le scénario le plus réussi pour leur confinement consiste à l'addition d'un terme cinétique induit par l'interaction de ces champs avec les champs scalaires chargés ou les fermions confinés sur la brane [173]. Cependant si les champs chargés parviennent de pénétrer dans le bulk, ils traînent leur interaction avec des champs de jauge au bulk et les libèrent du confinement.

Ces arguments sont aussi vrais dans le cas des modèles à deux branes où le spectre est discret et une écart d'énergie sépare les modes zéro aux modes KK. En utilisant une expansion linéarisée, les propagateurs des champs scalaires et des gravitons massif - avec la masse induite comme l'on a expliqué ci-dessus - ont les fonctions de Green semblable [182]. Dans [HZ-C 14] après la détermination des solution pour les propagateurs dans le bulk et leur restriction sur les brane, on montre que la probabilité de production des modes KK est plus grande que le mode zéro du même champ quand $m_5 \neq 0$.

Propagation

L'évaluation des sections efficaces et d'autres propriétés dépendantes aux détails des modèles. C'est pourquoi dans [HZ-C 14] la propagation classique des particules dans le bulk a été étudiée. Les géodésiques des particules dans le bulk de l'Univers primordial sont étudié dans plusieurs travaux [183, 171] à fin de trouver la possibilité d'une acausalité pour des observateurs sur un brane et résoudre les problèmes cosmologiques comme par exemple le problème d'horizon sans avoir besoin d'inflation. Par contre, le but du travail rapporté dans [HZ-C 14], comme l'on a mentionné auparavant, était de voir si ce processus peut laisser une signature observable sur l'interaction des RCUE dans l'atmosphère terrestre et leur douche aérienne.

2.4. Modèles de Brane et gravité quantique

Pour un bulk statique le métrique 5D des modèles de brane est défini comme :

$$ds^2 = n^2(t,y)dt^2 - a^2(t,y)\delta_{ij}dx^i dx^j - dy^2. \tag{2.150}$$

Ce métrique et l'équation d'Einstein déterminent le géodésique le long duquel une particule se propage dans le espace-temps 5D. Néanmoins, pour ce qui concerne la propagation des particules de haute énergie produites par des accélérateurs ou par les interaction des RCUE dans l'atmosphère, on peut utiliser un métrique statique car le temps de propagation est court.

On utilise la solution cosmologique des modèles de brane [184] pour trouver la solution suivante pour la trajectoire d'une particule dans le bulk :

$$\mathcal{D} \equiv \frac{1}{2}\Big[(1 - \rho'_{b_0} - \mathcal{C}(t))z^2 + 2\mathcal{C}(t)z + (1 + \rho'_{b_0} - \mathcal{C}(t)a_0^2)\Big], \tag{2.151}$$

$$\frac{dz}{dt} = \mu\sqrt{\mathcal{D}(z - \frac{\epsilon}{\theta^2}\mathcal{D})}. \tag{2.152}$$

où $z = e^{\mu y}$. Si une particule éjectée dans le bulk revient au brane, sa vitesse dans le bulk $u^{(4)}$ doit arriver au zéro et changer le signe à un certain point dans le bulk avant que la particule n'arrive à l'horizon du bulk (s'il est présent). Les racines de l'équation (2.152) correspondent à ces points tournants et déterminent le temps de propagation dans le bulk. On est seulement intéressés par les cas où le temps de propagation dans le bulk est beaucoup plus court que l'âge de l'Univers. Sous cette approximation le temps de propagation devient :

$$\Delta t_{propag} \equiv 2(t_{stop} - t_0) = \int_{z_0}^{z_{stop}} \frac{2dz}{\mu\sqrt{\mathcal{D}(z - \frac{\epsilon}{\theta^2}\mathcal{D})}} \tag{2.153}$$

Le temps du propagation des particules pour quelques modèles du type RS2 et RS1 sont montrés dans les figures 2.25 et 2.26. 2.26. Considérons ces résultats, il est clair que pour les modèles RS2 seulement dans une gamme de paramètre limitée c.à.d. quand $M_5 \gtrsim 10^{18}$ eV (ou $\mu L \lesssim 30$ pour le modèle ajusté) l'effet de propagation des particules de haute énergie dans le bulk n'est pas détectable avec la résolution des présents détecteurs de douche aérienne. Dans des modèles RS1 (2-brane) le temps de propagation est plus petit. Cependant, seulement pour les bulks microscopiques avec $\mu \gtrsim \mathcal{O}(1)$ eV le délais dans la détection des particules ne sera pas détectable par des présents détecteurs de douche aérienne. De plus, les résultats de ce travail, dans les limites des approximations considérées, confirment une relation directe entre une petite mais non zéro constante cosmologique sur la brane visible et la déformation du bulk qui résout le problème de hiérarchie dans certains des modèles de brane, discutée dans les précédentes sous-sections.

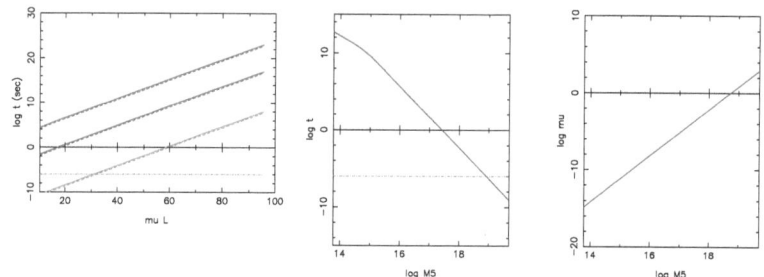

FIGURE 2.25 – Gauche : Le temps de propagation des particules relativistes avec $u_L^0(t_0)/N = 10^3$ (pleine) et $u_L^0(t_0)/N = 1.2$ (tiret) pour le modèle RS statique et $M_5 = 10^{13} eV$ (rouge), $M_5 = 10^{15} eV$ (magenta), et $M_5 = 10^{18} eV$ (vert clair) (équivalent de $\mu \sim 10^{-17} eV$, $\mu \sim 10^{-11} eV$ et $\mu \sim 10^{-2} eV$ dans le modèle ajusté). La ligne verte foncée montre la résolution du temps des détecteurs de douche aérienne. Centre : Le temps de propagation des particules relativistes pour le modèle à deux branes ajusté décrit dans la section 2.4.2. Droite : Le paramètre μ en fonction de M_5 pour le modèle précédent.

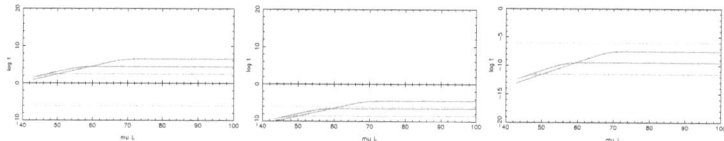

FIGURE 2.26 – Le temps de propagation des particules relativistes dans les modèles à deux branes avec μ comme un paramètre libre. Gauche : $\mu = 10^{-7} eV$; centre : $\mu = 10^4 eV$; droite : $\mu = 10^7 eV$. La description des courbes est la même que dans la figure 2.25.

2.4.4 QCD dans la géométrie de brane

Dans les deux sections précédentes notre approche à la question de la propagation des particules non gravitationnelles dans le bulk était phénoménologique. Dans cette section je passe en revue une approche plus fondamentale à la physique de haute énergie dans un univers avec une extra-dimension déformée qui a été rapportée dans [HZ-A 19, 20]. Nous avons mentionné précédemment l'idée que seulement gravitons propagent dans le bulk n'est pas réaliste. C'est pourquoi dans cette section on suppose qu'aux hautes énergies les particules ne sont pas fondamentalement confinées sur la brane, et on étudie des processus du QCD dans les modèles de brane avec une géométrie RS.

2.4. Modèles de Brane et gravité quantique

La collision hadron-hadron et la Diffusion Profondément Inélastique (DIS) aux hautes énergies sont dominées par les processus du QCD produisant une cascade de partons, dominée par les gluons. Pour trouver une évidence de l'extra-dimension dans ces processus, il est crucial de comprendre comment l'existence d'une dimension spatiale supplémentaire affecte la production des partons sur la brane visible. Cependant, en raison de la haute densité de partons dans le régime au petit-x_B, son étude est très compliquée et des effets non perturbative devraient être pris en compte. Depuis le milieu des années 1990, il a été montré [22] qu'un traitement phénoménologique du régime à petit-x_B connu sous le nom du modèle du condensé de verre de couleur *Color Glass Condensate (CGC)* et son extension quantique [185] peuvent expliquer des observations grace à l'introduction d'une équation ressemblant à l'équation d'un groupe de renormalisation. Elle permet de déterminer la distribution des gluons ordonnée par l'échelle du temps (l'impulsion transversal). En fait, par suite de cette équation, il est possible (au moins formellement) d'obtenir la distribution des partons pour le régime non perturbative au petit-x_B de leur distribution aux échelles d'énergie plus haute où le calcul des interaction QCD aux ordres les plus bas de perturbation est adéquat. Dans ce sens CGC n'est pas seulement valable à petit x_B, mais à toute les échelles. La preuve pour cette réclamation est le fait que à l'ordre le plus bas on obtient l'approximation BFKL qui est seulement valable aux échelles de hautes énergies.

Condensé de verre de couleur (CGC) dans l'espace-temps 4+1 déformée

Pour un observateur dans le repèr du CM des hadrons (ou lepton-hadron) haute énergie incidents, ils sont contractés en forme des plans minces étendues dans la direction perpendiculaire à l'impulsion. Dans l'approximation CGC on suppose que des sources de charge sont concentré seulement sur ces plans. L'origine de cette charge est surtout les quarks de valence, mais les partons de mère intégrée jusqu'à une échelle Λ^+ contribue aussi à la charge totale. Les partons doux (à basse énergie) créent un essaim entre ces plans et interagit avec les plans de couleurs et les autres partons de l'essaim. Bien qu'aux hautes énergies l'interaction QCD des partons de l'essaim avec eux-mêmes et avec les plan de couleur sont perturbatives, dans le régime à petit x_B en raison de la grande densité des patrons les effets non perturbative sont très important. Voir le schéma 2.27.

Dans le modèle effectif de McLerran-Venugopalan (MV) pour CGC on considère le plan à charge de couleur décrite ci-dessus comme une source classique pour l'essaim du gluon. Parce que la durée de vie de l'essaim est beaucoup plus courte que la variation dans le temps de la densité de charge de couleur sur le plan à l'échelle d'intérêt, on peut approximativement considérer le modèle d'être statique. Nous considérons une géométrie Randall-Sundrum statique (RS1) avec le métrique :

$$ds^2 = \frac{R^2}{z^2}(\eta_{\mu\nu}dx^\mu dx^\nu - dz^2) = e^{-2\mu y}\eta_{\mu\nu}dx^\mu dx^\nu - dy^2$$

$$z \equiv \frac{1}{\mu}e^{\mu y} \qquad (2.154)$$

Les branes sont considérées d'être à $z = R \equiv 1/\mu$ et $z = R' \equiv \frac{1}{\mu}e^{\mu L}$, où L est la distance entre les deux branes. Les interactions QCD sont modélisé par un champ effectif A^B des gluons comportant une symétrie $SU(3)$ dans la jauge du cône de lumière (LC) définie par $A^+ = 0$. L'équation de dynamique classique dans des coordonnées du cône de lumière et la forme invariance de jauge est (des indices de couleur sont négligées) :

$$[D_A, F^{AB}] = \delta^{B+}\mathcal{W}(x^+, \vec{x})\rho(\vec{x})\mathcal{W}^\dagger(x^+, \vec{x}), \quad D_A \equiv \partial_{;A} - igA_A^a T^a,$$

$$\mathcal{W}(x^+, \vec{x}) = T\exp\left\{ig\int_{x_0^+}^{x^+} d\eta^+ \frac{R^2}{z^2}A^-(\eta^+, \vec{x})\right\} \qquad (2.155)$$

L'opérateur d'ordre T est appliqué sur $A^- \equiv^-_a T^a$ et range les champs du droit de gauche dans l'ordre croissant de x^+. Si les fermions sont confinés sur la brane visible, $\rho \neq 0$ seulement pour $z = R'$. Mais cette supposition n'est pas cohérente et est violée par une transformation de jauge.

On considère d'abord un couplage universel dans le bulk et sur les brane. Le modèle défini par (2.155) est seulement valable aux échelles $\Lambda^+ = x_B P^+$ où P^+ est l'énergie de chacun des hadrons initiaux et x_B est la fraction d'impulsion collinéaire des partons (l'analogue du paramètre Bjrken x). L'échelle Λ^+ indique l'impulsion maximale dans le repère du cône de lumière de l'essaim de partons et détermine leur densité à cette échelle. Dans le modèle de CGC classique il n'est pas possible de lier des modèles aux échelles différente l'un eux autres. Mais quand les corrections quantiques sont tenu en compte, il est possible de déterminer l'évolution de densité des partons à l'échelle Λ^+ et lier ainsi la distribution des gluons de $x_B \to 0$ à $x_B \to 1$, et vice versa. De (2.155) on peut facilement conclure que même avec $\rho(\vec{x}) = \rho(x^\perp)\delta(z)$, la charge indépendante de jauge dans le côté droite de (2.155) et ainsi $F^{d'AB}$ dépend du coordonné du bulk z. Ceci

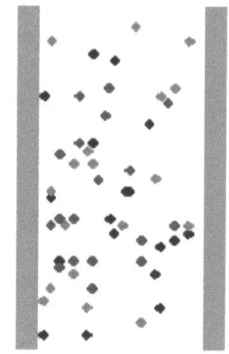

FIGURE 2.27 – La collision entre deux hadrons. Les points en couleur illustrent les gluons de charges de couleur différentes. L'épaisseur des plans par rapport de leur hauteur schématiquement présente l'échelle Λ^+ pour laquelle la charge de couleur est définie.

2.4. Modèles de Brane et gravité quantique

confirme nos réclamations précédentes qu'il est très difficile de confiner les champs vectoriels sur la brane.

De l'équation dynamique on peut déterminer le propagateur et le spectre de masse des modes KK. La solution générale pour des propagateurs quand $k^2 = -k_\perp^2 \neq 0$ est :

$$\hat{\Delta}(z,z') = C(z')J_1(kz) + D(z')N_1(kz) \qquad (2.156)$$

Qui mène au spectre suivant pour la masse des modes KK avec grand n [HZ-C 14] :

$$m_n \approx R'^{-1}(\frac{3\pi}{4} \pm n\pi) \qquad (2.157)$$

Il y a aussi un mode zéro avec $k^2 = -k_\perp^2 = 0$:

$$\hat{\Delta}(z,z') = C_0(z')z + D_0(z')z^{-1} \qquad (2.158)$$

Les constantes d'intégration $C_0(z')$ et $D_0(z')$ sont en général non triviales et le mode zéro se propage dans le bulk, mais sa fonction d'onde diminue exponentiellement. Dans ce modèle l'impulsion des partons dans la direction du hadron initial c.à.d. $\Lambda^+ = x_b P^+$ apparaît seulement dans l'échelle du modèle, équivalent de la densité de charge de couleur ρ. De plus, les masses de tous les modes KK du gluon sont réelles. Ils commencent d'un mode zéro sans masse et il y a un écart entre ce mode et des modes supérieurs proportionnels au $\mu' \equiv R'^{-1}$. Alors, pour toute bulk macroscopique ils sont très petits. En fait, pour $\mu L \gtrsim 30$, même pour l'échelle de compactification $\mu \sim M_{pl}$, les masses des modes KK les plus légers sont beaucoup plus petites que l'énergie de CM d'interaction des RCUE dans l'atmosphère et quand l'échelle d'interaction $\Lambda^+ \gtrsim m_n$, les modes KK peuvent être abondamment produits.

La propagation d'essaim de gluons dans le bulk dans le modèle de CGC a des implications importantes pour les tentatives de localisation les bosons de jauge sans masse en ajoutant un terme cinétique induit sur les branes. Il est montré [173, 186] que ce terme augmente le couplage du mode zéro à lui-même, et si les fermions sont confinés sur la brane, le champ vectoriel de jauge devient quasi localisé. Cependant, la dépendance en z du côté droit de (2.155) montre que ceci ne peut pas être vrai même si initialement les fermions vivent sur la brane. Nous verrons plus tard que l'équation du groupe de renormalisation relie $W(\rho)$, la distribution de densité de charge de couleur, à l'échelle Λ^+ aux autres échelles. Ainsi ρ reçoit progressivement une dépendance à z signifiant que la charge de couleur fuit dans le bulk même si initialement c.à.d. pour les grandes valeurs de Λ^+ elles vivent sur la brane. Une image plus physique de ce processus est obtenue en considérant l'ordre d'impulsion transversal. à plus petit x_B's, les partons ont la plus grande impulsion transversal, car ils ont perdu leur énergie par la radiation QCD qui augmente en même temps leur impulsion transversal. Quand une dimension spatiale supplémentaire est disponible, à chaque radiation l'impulsion transversal du parton sortant dans la direction d'extra-dimension augmente.

Chapitre 2. Exposé synthétique des recherches

Distribution classique des gluons

Les distributions des partons, notamment des gluons qui aux hautes eneries sont dominants, constituent les quantités mesurables contenant des informations sur l'interaction QCD dans des collisions hadron-hadron ou hadron-lepton. Nous définissons la fonction de distribution du gluon (la fonction de structure) dans la jauge du cône de Lumière [187] et espace-temps 4+1 comme la suivante :

$$x_B G(x_B, Q^2, z) = \frac{1}{(2\pi)^3} \int d^2 k_\perp \Theta(Q^2 - k_\perp^2) \int dk^+ 2k^+ \delta(x_B - \frac{k^+}{P^+}) \times$$
$$\int dy' e^{\mu y} \left\langle \mathcal{A}^i(x^+, \vec{k}, y') \mathcal{A}_i(x^+, -\vec{k}, y - y') \right\rangle \quad (2.159)$$

où Q^2 est l'échelle d'impulsion transversale 3D, ainsi $x_B G(x_B, Q^2, z)$ est la densité des gluons doux et semi-doux jusqu'à $|k_\perp| < Q$. Les bras $\langle \rangle$ indiquent la moyenne sur tous les $\rho(\vec{x})$ possible (la sommation sur le spin et la couleur est implicite). La raison pour exprimer l'intégral sur y et pas z est le fait que y se comporte comme une coordonnée additive et donc l'expression de corrélations est plus simple. Le champ $\mathcal{A}^i$ est la solution classique dans l'approximation MV (2.155). Cette expression de la distribution des gluons est valable seulement dans la jauge du cône de lumière. Les raisons pour cette définition sont expliquées en détail dans [22, 187] et son extension pour le cas de la géométrie déformé d'extra-dimension est décrite dans [HZ-A 19]. Ici je reproduis juste les résultats finaux.

La distribution des gluons est défini comme la valeur d'espérance du nombre de gluons $\langle\psi|a^\dagger a|\psi\rangle \propto \langle A^i A_i \rangle$, où $|\psi\rangle$ présente un état de charge de couleur, additionné sur l'impulsion, la couleur, la polarisation et le mode KK. Après l'addition de l'opérateur de Wilson comme l'on a expliqué dans la définition de $W(\rho)$, à l'ordre classique on peut remplacer le champ quantique A^i de la solution classique par $\mathcal{A}^i$ expliqué ci-dessous. Nous devrions aussi additionner sur tous les états des quarks ou considèrer une distribution de probabilité pour des sources de charge. Mais, l'expression pour la distribution de charge de couleur $W(\rho)$ peut être obtenue seulement quand l'approximation MV est quantisée. à l'ordre classique (l'arbre), on considère une distribution Gaussian pour ρ et détermine la valeur d'espérance dans (2.159) comme une espérance statistique. Finalement, à l'ordre classique l'élément matriciel $\langle \mathcal{A}_a^i \mathcal{A}_b^j \rangle$ est déterminé :

$$\left\langle \mathcal{A}_a^i(x^-, x^\perp, z) \mathcal{A}_b^j(x'^-, x'^\perp, z') \right\rangle = -\delta_{ab} \left(\partial_{;}^i \partial_{;}^{'j} \gamma(x^\perp, x'^\perp, z, z') \times \right.$$
$$\left. \frac{\left(1 - \exp\left\{\chi(\vec{x}, \vec{x}', z, z')\left(\gamma(x^\perp, x'^\perp, z, z') - \gamma(0)\right)\right\}\right)}{\gamma(x^\perp, x'^\perp, z, z') - \gamma(0)} \right) \quad (2.160)$$

2.4. Modèles de Brane et gravité quantique

Le point intéressant de ce résultat consiste au fait que la dépendance en x^- se manifeste seulement dans la distribution de charge inconnue qui apparaît comme un coefficient de l'exponentiel, et les autres termes peuvent être calculés analytiquement. Quand l'exposant du terme exponentiel dans (2.160) est petit, nous pouvons étendre ce terme qui au premier ordre est très simple :

$$\left\langle \mathcal{A}_a^i(\vec{x},z)\mathcal{A}_{bi}(\vec{x'},z') \right\rangle = \delta_{ab}\chi(\vec{x},\vec{x'},z,z')\partial_{;i}^i\partial_{;i}'\gamma(x^\perp,x'^\perp,z,z') + \dots \qquad (2.161)$$

Voir (2.163) pour la définition de *chi*. En utilisant ceux-ci et certains de résultats obtenus dans [HZ-C 14], nous pouvons explicitement calculer $\langle \mathcal{A}^i\mathcal{A}_i \rangle$. Le calcul numérique de la distribution des gluons pour quelques exemples des modèles de RS montrés dans la figure 2.28 démontre que pour petit $k_\perp^2$ qui a la plus grande amplitude, la distribution des gluons ne dépend pas fortement de l'impulsion transversal. Donc, on s'attend qu'après intégrer sur les coordonnées spatiales des branes, la dépendance en z de la distribution des gluons ne soit pas significativement différente. Par contre, la distribution des gluon dépend fortement de la distribution de charge de couleur c.à.d. la déviation standard dans l'approximation Gaussian.

Dans [189] la condition pour le quasi-confinement des champs vectoriels est le confinement des charges (ici des charges de couleurs) sur les branes. Le modèle MV montre que dans le cas du QCD, en raison de l'auto-interaction relativement forte des gluons (même dans le régime perturbative), si les gluons se propage dans le bulk, beaucoup de quarks les suivent, car les quarks de valence ont seulement une petite contribution dans la densité de nombre total des quarks et cette stratégie pour confinement de charge échoue.

Extension quantique du Modèle de CGC

Le modèle de MV classique est applicable aux échelles d'impulsion où la rapidité $\tau \equiv \ln(1/x_B)$ est petite (c.à.d. plus près du plan de couleur), la densité des partons (gluons) $\propto \alpha_s\tau$ est petite, et l'approximation classique est adéquate. Une expression quantitative plus précise de ces processus et leurs sections efficaces à basses énergies est obtenues de la quantisation d'approximation MV en utilisant la méthode d'intégrale de chemins en présence d'une charge ρ. On doit rappeler que la source de charge ρ n'est pas vraiment une source indépendante parce qu'il est produit par des gluons [185]. Alors, l'intégral de chemins sur la fonctionnel ρ est plutôt semblable à une condition ou un sous-ensemble de solutions possibles qu'à l'addition de toutes les valeurs possibles d'une source externe. Pour cette raison on doit déterminer la valeur d'espérance d'un opérateur arbitraire, et ensuite effectuer une intégral sur le fonctionnel ρ. L'application du principe de variation à ce modèle est équivalente à la pondération du Λ^+ à $b\Lambda^+$ avec $0 < b < 1$, ce qui signifie que les partons avec une impulsion $b\Lambda^+ < |k| < \Lambda^+$ ne sont pas désormais additionné dans l'essaim de gluon doux. Parce que la supposition principale de MVCGC est qu'à chacun échelle, l'équation classique du champ (2.155) avec une charge aléatoire ρ détermine la distribution des gluons, la variation de l'échelle est équivalent à la variation de ρ. Cette équivalence fournit une équation différentielle fonctionnelle semblable à une équation de groupe de renormalisation [185] :

$$\frac{\delta W_\tau[\rho]}{\delta \tau} = \alpha_s \left\{ \frac{1}{2} \frac{\delta^2}{\delta \rho_\tau^a(x^\perp, z) \delta \rho_\tau^b(x'^\perp, z')} [W_\tau \chi^{ab}] - \frac{\delta}{\delta \rho_\tau^a(x^\perp, z)} [W_\tau \sigma^a] \right\} \quad (2.162)$$

où $\tau = \ln(P^+/\Lambda^+)$. Les indices a et b sont l'indice de couleur dans la même représentation du groupe de jauge que les gluons. Les éléments matriciels σ^a et χ^{ab} sont liés à ρ :

$$\sigma^a = \langle \delta \rho^a \rangle \qquad \chi^{ab} = \langle \delta \rho^a \delta \rho^b \rangle \quad (2.163)$$

Comme d'habitude, $\langle \rangle$ signifie la moyenne sur toutes les valeurs de ρ. à l'ordre le plus bas de QCD les diagrammes qui contribuent à la variation de charge de couleur sont discutés dans [185]. Des expressions analytiques exactes pour σ^a et χ^{ab} n'existent pas même pour le cas le plus simple d'un modèle dans la géométrie 4D plat. Néanmoins des expressions approximative pour leur dépendance en z ont été obtenue dans [HZ-A 19] :

$$T^{ab} \chi_{ab} \sim \sigma_{\Lambda+}^2 \propto \left(\frac{zz'}{R^2} \right)^n \qquad n \sim \frac{3}{2} \quad (2.164)$$

L'approximation BFKL est valable quand la densité de partons n'est pas très élevée c.à.d. quand échelle Λ^+ est grande. L'équation de groupe de renormalisation (2.162) peut être utilisée pour obtenir W aux échelles inférieures, jusqu'à l'ordre d'approximation dans lequel σ^a et χ^{ab} sont calculés, mais une solution analytique n'est pas possible. Néanmoins, quelques aspects qualitatifs de la solution aux hautes énergies peuvent être utilisés pour évaluer les propriétés de la distribution des gluons aux énergies inférieures, en particulier en ce qui concerne leur propagation dans le bulk. Par exemple, la dépendance en z de σ^a et χ^{ab} dans (2.164) est une évidence pour l'émission d'une grande quantité de partons dans le bulk aux échelles d'énergie basses. En effet, leur partons parentaux aux hautes énergies sont dans le bulk et bien qu'ils aient des énergies inférieures, ils sont encore fortement relativiste et peuvent surmonter la courbure de la gravitation [HZ-C 14]. Cette conclusion est confirmée par des solutions numériques, voir la figure 2.28. La conséquence observationnelle de la fuite dans le bulk est une réduction brusque du nombre des événements DIS observés dans les accélérateurs aux hautes énergie et la perte du courant du faisceau si ceci est mesuré. Quant aux RCUE, on s'attend à un cutoff dans leur spectre -indépendant du cutoff GZK - ou au moins à un decohérence en temps d'arrivée des particules si après hadronisation des partons, les particules sont poussées en arrière par le métrique déformé et ils reviennent sur la brane visible.

2.4. Modèles de Brane et gravité quantique

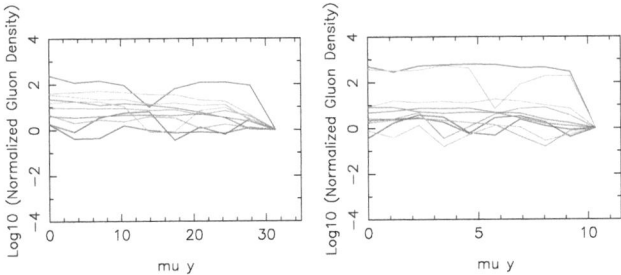

FIGURE 2.28 – Les exemples des distributions des gluons dans le bulk normalisées à leurs amplitude sur la brane visible pour $M_5 = 10^{14}$ eV. Le paramètre μ est obtenu du modèle de RS ajusté. L'impulsion transversale $k_\perp$ de gluons et 2×10^8 eV $\leqslant |k_\perp| \leqslant 1.26 \times 10^{10}$ eV (codé dans la couleur d'arc-en-ciel des courbes). Gauche : $\log(R'/R) = \log(M_{pl}/M_5)$; Droit ; Pour μL plus petit d'un facteur de 3.

2.4.5 Mécanique quantique et gravité quantique

Introduction

Il y a plusieurs évidences pour une relation intrinsèque entre la gravité et la mécanique quantique. Le meilleur exemple est l'entropie des trous noirs et son analogie avec celle de la thermodynamique. Après l'échec de toutes les tentatives pour la quantification de la gravité, récemment l'idée d'émergence de gravité de la thermodynamique d'un modèle quantique non gravitationnelle microscopique [201] est devenue populaire dans la littérature. Selon ces modèles une *gravité quantique* n'existe pas, car la gravité est intrinsèquement émergente et **n'est pas** une force fondamentale. Ce programme est à présent á ses débuts, et il n'y a pas encore une évidence convaincante de telle émergence. D'autre part, certains aspects des modèles qui incluent tant gravité que la mécanique quantique comme la radiation de Hawking, la limite d'entropie de Bekenstein, et l'accord entre l'entropie des trous noirs déterminé dans le cadre des compactification D-brane de la théorie des cordes et l'entropie des trous noirs classiques [194] semble indiquer une relation entre l'entropie de trou noir classique et la nature quantique de la gravité. Cependant, il est bien connu que l'entropie du trou noir est la charge de Noether dans les modèles avec la symétrie difféomorphism [195]. Alors, on s'attend que cette symétrie influence d'une manière ou d'autres le nombre d'état d'un système quantique vivant dans cette géométrie.

Chapitre 2. Exposé synthétique des recherches

110 2.4. Modèles de Brane et gravité quantique

Quant à ma contribution sur ce sujet, dans un travail préliminaire rapporté dans [HZ-A 7] j'ai examiné la présence d'une relation inhérente entre la gravité classique et la mécanique quantique pour voir quelles type de propriétés physiques elles partagent, ce qui les rend incohérents l'un avec l'autre, et si les conclusions obtenues de ces questions peuvent aider à trouver une description quantique pour la gravité. Dans cette section je passe en revue les points soulevés dans [HZ-A 7]. Je dois remarquer que cette thème de recherche est à son début et les investigations supplémentaires sont nécessaires pour rendre le modèle et certains des concepts passés en revue ici physiquement et mathématiquement plus rigoureux. Néanmoins, certaines de ses conclusions qualitatives sont générales et indépendantes des détail sous-jacents.

Gravité dans un Univers quantique

Il y a plusieurs questions non résolues dans la gravité et dans la mécanique quantique qui ont des conséquences fondamentales pour comprendre ces phénomènes. Par exemple : Pourquoi la gravité est une force universelle, quand aucune autre force a une telle propriété ? Pourquoi la constante de Planck $\hbar$ est universelle ? Pourquoi il n'y a aucune échelle de masse/longueur fondamentale dans la mécanique quantique ? La première question est une autre façon de demander l'origine du Principe d'Équivalence. Dans beaucoup des modèles candidats de gravité quantique, comme par exemple la théorie des cordes et la supergravité, le Principe d'Équivalence est un effet à basse énergie qui se brise aux hautes énergies. Cela soulevée la question sur ce qui est le principe le plus fondamental dans la gravité ? Sa dépendance en énergie et impulsion seule ou bien son origine géométrique en tant que le métrique d'un espace pseudo-Riemannian, ou tous les deux. La brisure du Principe d'Équivalence viole la première condition. Donc, si nous considérons le Principe d'Équivalence comme une propriété fondamentale de gravité, les modèles qui le violent ne peut pas être considérés comme un véritable modèle de la gravité quantique. Par exemple dans les modèles de supergravité après la brisure de la supersymétrie à priori il n'y a aucune raison à un couplage commun de tous les champs au secteur de gravité.

L'universalité de $\hbar$ signifie que la quantité *d'incertitude ou d'incohérence* dans tous les systèmes physiques est la même indépendamment de leur masse, taille ou couplages. Considérez $\alpha\hbar$ plutôt que $\hbar$ pour une particule de masse m. L'équation de Schrdinger/Klein-Gordon devient :

$$(\alpha^2\hbar^2\Box - m^2)|\psi\rangle = 0 \iff (\hbar^2\Box - m'^2)|\psi\rangle = 0 \quad m' = \frac{m}{\alpha} \quad (2.165)$$

Donc, la non universalité de la constante de Planck peut être enlevée d'après la redéfinition de masse. Mais la masse est la charge de gravité ! De la même façon un couplage différent pour la gravité peut être enlevé d'après la redéfinition de la masse qui modifie à son tour l'équation de Schrödinger. Notez que si la masse est produite

2.4. Modèles de Brane et gravité quantique 111

par interaction et est liée à la Valeur d'Espérance de Vide (VEV), le champ et ainsi le VEV peut être pondéré. Une tel opération est autorisé car dans la mécanique quantique la référence d'énergie est arbitraire. Mais quand la gravité est prise en compte, la pondération modifie le couplage du champ à la gravité. L'origine de la dépendance proche de mécanique quantique à la gravité est la troisième question soulevée ci-dessus : **la mécanique quantique manque une échelle d'énergie ou de longueur fondamentale et ainsi a besoin de la gravité pour être une théorie complète et applicable à la Nature. De plus, nous ne pouvons pas revendiquer que la mécanique quantique est fondamentale et la gravité émergente, car un modèle fondamental ne peut pas dépendre de sa conséquence.**

D'autre part, dans [HZ-A 7] on explique plusieurs exemples de l'inconsistance d'une gravité semi-classique dans un univers quantique. Ils sont dans le même esprit que des questions connues démontrées dans [47]. L'origine de ces conflits est le fait que la gravité et son équation dynamique sont locaux, au contraire de la mécanique quantique qui est intrinsèquement non locale. Un espace-temps non commutatif ou une gravité émergente ne peut pas résoudre ces ambiguïtés puisque les configurations des exemples discutés dans [47], [HZ-A 7] est applicable aux espace-temps non commutative. Ces observations soulève l'idée que peut-être nous devrions penser à la gravité de manière intrinsèquement quantique.

Une définition quantique pour la gravité

Si la mécanique quantique et la gravité sont intrinsèquement liées, nous devons trouver une définition quantique pour la gravité. Des systèmes quantiques sont définis par leur espace de Hilbert. L'espace Hilbert d'un système consistant en 2 parties non interagissantes est le produit direct de leurs espaces de Hilbert respectifs. En présence d'une petite interaction entre des sous-systèmes l'espace de Hilbert n'est plus un produit direct mais une projection sur l'espace du produit direct :

$$\mathcal{H} \not\cong \mathcal{H}_1 \otimes \mathcal{H}_2 \quad , \quad \mathcal{H} \cong \mathcal{H}_1 \otimes \mathcal{H}_2 \xrightarrow{\text{interaction}} \mathcal{H}_1 \otimes \mathcal{H}_2 \qquad (2.166)$$

Comme la gravité est une interaction universelle, les deux sous-systèmes d'un système ont au moins une interaction gravitationnelle. Alors, nous définissons la gravité comme la suivante :

La Gravité entre des particules/des sous-système quantiques présente la minimum de déviation de leur espace de Hilbert des produits directs des espaces de Hilbert des particules/sous-système seules.

Selon cette définition une particule seule *ne sent pas* sa propre gravité. Une conséquence directe de cette propriété est qu'une telle particule ne fait pas de trou noir ! S'il est localisé, son impulsion serait complètement incertain. L'espace de phase d'un système classique et l'espace Hilbert du même système quand il est quantisé sont lié, voit par exemple [196] [7]. Alors, nous pouvons définir la quantisation comme la définition d'une classe d'équivalence dans l'espace de phase :

$$\mathcal{H} \cong \Phi/\mathcal{S} \qquad (2.167)$$

où Φ est l'espace de phase et $\mathcal{S}$ présente formellement des chemins équivalents selon la relation d'incertitude. En présence d'une interaction les classes équivalentes sont mélangées :

$$\mathcal{H} \cong \frac{\Phi}{\mathcal{S}}, \qquad \mathcal{S} \not\cong \mathcal{S}_1 \otimes \mathcal{S}_2 \qquad (2.168)$$

Cela signifie que l'incertitude des deux particules n'est pas désormais séparée, mais définit un espace inséparable. Ce concept explicitement distingue la gravité des autres interactions qui ne modifies pas la quantisation des systèmes, et peut résoudre l'énigme de l'universalité de $\hbar$. Considérons que la projection dépend de G_N (ou M_P), ceci fournit l'échelle de masse/longueur manquante dans la mécanique quantique standard. L'extension de cette construction aux systèmes de multi-particule est triviale. Le mélange non trivial d'espaces d'équivalence présentent la relation d'incertitude de Heisenberg signifie que les incertitudes de coordonnées et l'impulsion des deux particules ne sont pas désormais indépendantes. Dans la mécanique quantique standard, les interactions ne modifient pas ces relations. Donc, la modification et l'interdépendance de la quantisation des particules ou systèmes indivisibles considérés ici est une addition aux lois de la mécanique quantique standard.

La projection non triviale d'espace de Hilbert combiné $\mathcal{H}_1 \otimes \mathcal{H}_2$ peut être considéré comme une transformation de base avec la condition que dans les nouvelles coordonnées on peut considérer les particules transformées comme libre et séparable. Cette base joue le rôle d'un repère d'inertie locale dans la relativité générale classique et contraint la projection. Cependant, à ce niveau du développement du modèle nous ne pouvons pas prouver qu'il existe toujours. Alors, nous le considérons comme une priori. En utilisant la forme attendue de l'équation de Wheeler-De-Witt dans la limite classique de la gravité, nous définissons la transformation suivante entre deux systèmes de coordonnée où X est la coordonnée *libre* :

$$\hat{X}_i = \hat{x}_i \quad , \quad \hat{P}_i = \hat{p}_i + \sum_{j \neq i} f(\hat{x}_j, \hat{p}_j) \qquad (2.169)$$

La fonction $f(\hat{x}_j, \hat{p}_j)$ est arbitraire. On suppose qu'il inclut une échelle massive Λ, vraisemblablement d'ordre de M_P tel que aux énergies basses $f \to 0$ et la relation

---

[7]. Plus précisément, une transformation de Winger associe les vecteurs de l'espace de Hilbert aux distributions définies sur l'espace de phase pour une impulsion donnée. L'inverse de cette distribution associe un vecteur d'espace de Hilbert à un point dans l'espace de phase et l'intégration sur tous les impulsions couvre l'espace de phase. Cette intégration et celle incluse dans la transformation de Winger définit le espace $\mathcal{S}$.

2.4. Modèles de Brane et gravité quantique

de commutation de mécanique quantique standard sont récupéré. Il est facile de montrer que les commutations deviennent :

$$[\hat{x}_i, \hat{x}_j] = [\hat{X}_i, \hat{X}_j] = 0 \quad i, j = 1, 2, \ldots \quad (2.170)$$

$$[\hat{p}_i, \hat{p}_j] = [\hat{P}_i, \hat{P}_j] = 0 \quad (2.171)$$

$$[\hat{x}_i, \hat{p}_i] = -i\hbar \quad (2.172)$$

$$[\hat{X}_i, \hat{P}_i] = -i\hbar \quad (2.173)$$

$$[\hat{x}_i, \hat{p}_j] = 0 \quad i \neq j \quad (2.174)$$

$$[\hat{x}_i, \hat{P}_j] = [\hat{x}_i, f(\hat{x}_i, \hat{p}_i)] \quad (2.175)$$

Après l'expansion de f comme une fonction d'opérateurs $\hat{x}_i$ et $\hat{p}_j$, à l'ordre le plus bas en Λ nous trouvons l'équation dynamique suivante :

$$\left\{\sum_i \hat{p}_i^2 + 2\sum_{j\neq i} : \frac{\hat{p}_i \hat{p}_j}{\Lambda \hat{x}_j} : + \sum_{j,k\neq i} : \frac{\hat{p}_j \hat{p}_k}{\Lambda^2 \hat{x}_j \hat{x}_k} : + \sum_i m_i^2\right\}|\psi\rangle = 0 \quad (2.176)$$

L'apparition des termes supplémentaires par rapport à l'équation de Schrdinger qui sont proportionnel à l'impulsion et inversement à la distance est une bonne signature qu'une force comme la gravité peut apparaître dans ce formalisme. Une démonstration complète a besoin de plus d'étude, y compris l'extension de ce formalisme aux variables continues.

Résumé

J'ai suggéré à une modification de l'espace de Hilbert des systèmes quantiques multiparticule à fin de présenter l'effet de la gravité. La redéfinition des coordonnées et d'opérateur d'impulsion, et l'addition des lois d'incertitudes inter-particule mènent à une équation dynamique semblable à l'équation de Wheeler-DeWitt pour la mécanique quantique dans les espace-temps courbés. Une extension naturelle du modèle à la supergravité semble être possible.

2.4.6 Conclusion

J'ai étudié les aspects tant relatifs à la théorique de champ quantique que phénoménologiques des modèles de brane avec l'attention de trouver leurs signatures détectables et vérifiables dans les données disponibles ou qui seront disponibles dans la future proche. J'ai contraint certains des modèles populaires avec leurs paramètres dans la gamme des valeurs qui peuvent résoudre le problème de hiérarchie. On a notamment trouvé que la cohérence en temps d'arrivée des rayons cosmiques ultra énergétiques contraint la taille du bulk des modèles de brane aux dimension microscopiques. Alors ces modèles ne peuvent pas résoudre le problème de la hiérarchie et incite d'autres échelles dans la physique de haute énergie. La fraction primordiale de ^4He semble favoriser des modèles de brane s'il y a des neutrinos légers supplémentaires. Cette conclusion a été basée sur les observation disponibles quand le travail présenté dans [HZ-C 16, 12] a été effectué. Mais les évaluations plus récentes de l'incertitude de la fraction de ^4He prévoient une incertitude plus grande pour cette quantité [190] qui fait la cosmologie standard compatible avec les observations de CMB. D'autre part, des observations cosmologiques mettent des contraintes rigoureuses sur les modèles de RS et DGP, voir par exemple [191].

De plus j'ai développé une approche dans le cadre de la théorie quantique des champs à QCD dans la géométrie brane qui prévoit un cutoff dans le spectre d'RCUE. En fait, un cutoff aux énergies $E \gtrsim 10^{20}$ eV est maintenant observée. Peut-il parvenir de la propagation dans le bulk des particules très hautes énergies ? Peut-être. Mais on ne peut pas s'appuiller sur cette évidence seule et conclure une relation entre cette cutoff et les modèles de branes, car d'autres observations ne favorisent pas ces modèles et il y a d'autres explications pour le cutoff de RCUE comme l'on a expliqué quelques unes dans la section 2.3.2.

Malgré la conclusion négative finale pour la géométrie brane, l'extension de la méthodologie CGC aux espaces-temps courbés rapportés dans [HZ-A 19, 20] est la première tentative dans cette direction et peut avoir d'autres applications. Par exemple, ce formalisme peut être utilisé pour étudier des étoiles à neutrons dans lesquelles le champ forte de la gravitation peut contracter les hadrons dans la direction radiale tel que la même phénoménologie appliquée aux hadrons à haute énergie peut être pertinent pour étudier les processus QCD dans ces objets extrêmes.

Finalement j'ai présenté des arguments en faveur d'une relation proche entre la mécanique quantique et la gravité, et ai suggéré une origine intrinsèquement quantique pour la gravité. Comme un premier essai dans la direction de construction d'un tel modèle, j'ai proposé une mécanique quantique modifiée dans laquelle la gravité peut apparaître dans des systèmes multi-particules.

2.5 Gestion de données et datamining

2.5.1 Introduction

Depuis la fin de ma thèse de doctorat j'ai été impliquée dans plusieurs projets de gestion et datamining des données astronomique. Notamment, j'ai développé des outils pour : le traitement d'image, la reconnaissance de forme et détection d'objet dans des images astronomiques et autres ; la calibration astrométrique et photométrique ; et la corrélation des grandes bases de données. De plus, j'ai conçu

2.5. Gestion de données et datamining

et implanté plusieurs grandes bases de données astronomiques. Mes contributions, leur nature et les publications correspondantes sont résumés dans le Tableau 2.3. Leur ordre est par la date et commence par les travaux les plus récents. Il est nécessaire de remarquer que cette liste n'inclut pas de codes de simulation développés pour mes recherches scientifiques. Ils ont été expliqués dans les sections précédentes.

J'ai été aussi impliquée dans l'étude des méthodes d'extraction de données et la détection d'objets, la reconnaissance et classification d'objets pour des applications industrielles. Dans cette section je passe en revue ces travaux. Cependant du fait que certains sont effectués il y a la longue temps tous ces sujets ne sont pas d'écrit avec les mêmes niveaux de détails, et les plus anciens sont seulement décrites brièvement dans le Tableau 2.3.

2.5.2 Contribution à la conception et le dévelopment des relevés astronomiques

Calibration de HETDEX et optimisation des champs d'observations

Je suis une membre des projets cosmologiques HETDEX et Euclid en développement pour observer les grandes structure, mesurer les paramètres cosmologiques, et étudier la physique de matière noire et d'énergie sombre. Ma participation dans le projet Euclid est récente et pour l'instant comme une membre du groupe théorique et plusieurs de ses sous-groupes, je participe à la définition de stratégies et des besoins techniques pour tester les modèles d'énergie sombre et de matière noire, l'extraction des paramètres, et la corrélation des futures données d'Euclid avec d'autres types de données cosmologiques, etc.

Quant au projet HETDEX, j'ai développé un code pour optimisation les champs à observer par ce relevé. Le but d'optimisations est d'avoir un nombre minimal d'étoiles suffisamment brillantes dans des *Integral Field Units (IFUs)* et dans l'espace entourant le plan des IFUS dans lequel les guides *(guide probes)* peuvent être installés. Ils fourniront une calibration absolue du flux des IFUS du spectromètre VIRUS. La figure 2.29-a montre un exemple d'ajustement d'un champ d'observation par le mouvement aléatoire du plan du VIRUS par rapport au ciel pour trouver le meilleur placement du champ d'observation autour d'une position initiale.

J'ai aussi participé à la spécification et à la mise en œuvre de la procédure de calibration photométrique des guides du spectromètre VIRUS qui sera utilisé par HETDEX pour l'observation des émetteurs $L\alpha$ [Hill, et al., HZ-R 3]. Pour la calibration des guides, les sources standards sont choisies du catalogue SDSS. Le but de l'étude était de déterminer l'incertitude des coefficients de courbe de calibration. La figure 2.29-b montre les résultats pour quelques choix du nombre de sources standards utilisées pour la calibration. L'accumulation des objets standards observés par les

Projet	Nature	Applications	Publication
HETDEX	software	Optimisations des champs d'observation	Publication interne
	étude & software	calibration photomètrique	Publication interne, [Hill, et al., HZ-R 3]
XMM-OM	contrôle qualité & software	Contrôle qualité du catalogue des sources observé par le télescope ultraviolet XMM-OM et leur corrélation avec les sources des autres catalogues astronomiques	Still, et al.[HZ-C 4], [Page et al., HZ-A 2]
XMMSSC-XID	Base de données orienté objets	Conception et mise en œuvre d'une base de données orienté objets pour la préparation des observations suivies du projet XID et pour le datamining	[[Rosen & Ziaeepour (HZ-C 13)], HZ-A 23, Page, et al.HZ-A 12, Barcon, et al.HZ-A 11]
VLT, NTT	Contribution à la conception software	Archive scientifique des observations des télescopes VLT et NTT Application pour la préparation et vérifications des données aquises	[Albrecht, et al.(HZ-C 20, 21)]
EIS (ESO Imaging Survey)	software software	Sereur des données du projet Application pour la préparation et vérifications des données aquises	[Albrecht, et al., HZ-C 24]
ALADIN (Archive des Images Astronimiques Numérisées)	software	Conception et mise en œuvre de l'interface Window, développements des outils du traitement d'image/détection d'objets, et la calibration astrométrique et photomètrique.	[Bonnarel, et al., (HZ-C 27, 19), Bartlett, et al.(HZ-C 25)]
Industrie	software	Développement des systèmes d'acquisition de données automatiques, programmes bas niveau pour l'électronique embarqué et la robotique, modélisation mathématiques, études de possibilité du teste non destructifs des cartes électroniques, traitement d'image : développement des méthodes de détection d'objets et lecture automatique des textes.	

TABLE 2.3 – Liste des outils développés pour des projets scientifiques et industriels.

2.5. Gestion de données et datamining

guides pendant la durée du relevé permet d'améliorer la calibration et diminuer l'incertitude des données finale.

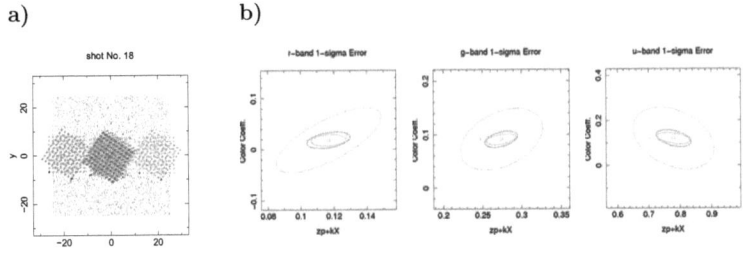

FIGURE 2.29 – a) Ajustement d'un champ d'observation de HETDEX par le mouvement aléatoire du plan du VIRUS. Des croix en orange et magenta présentent respectivement les positions des IFU avant et après la rotation du plan du VIRUS dans la direction de l'angle parallactique. Les étoiles correspondent aux position des objets standard qui peuvent être utilisés pour la calibration des guides et des IFUS. Deux des champs voisins sont aussi montés ; b) Les ellipses d'incertitude des coefficients de couleur contre le point zéro de la magnitude pour les bandes r, g et u et 3 choix du nombre de sources standards (étoiles) utilisées dans pour calibration : 5 (turquoise), 10 (magenta) et 15 (bleu).

Projet XMM-SSC XID et le catalogue XMM-OM

Le but du *XMM-Newton Survey Science Center (XMM-SSC) XID Project* était de trouver et étudier les contreparties UV/optical/IR d'un grand nombre de sources du rayon X inespérées trouvées dans les champs observés par le télescope du rayon X spatial XMM-NEWTON de l'ESA. à cette fin, le programme a inclus le poursuit observationnel par imagrie en optique et IR de ces champs et par spectroscopie d'un sous-ensemble des candidats de contreparties des sources de rayon X, catégorisées par leur flux en X et sa dureté. En plus, un des buts principaux du programme était d'identifier de manière automatique toutes sources inespérées du rayon X observées par XMM-NEWTON ayant suffisamment de données, en utilisant les informations acquises de leurs propriétés générales des études effectuées sur les objets identifiées par spectroscopie.

Ma contribution dans ce projet était la conception, la mise en œuvre, et la maintenance de la base de données XID-DB qui a été censé d'être le dépôt de toutes les données résultantes du projet et a dû permettre l'exploitation approfondie et l'analyse des informations. En raison de la complexité et l'exigence de flexibilité d'utilisation, la base de données utilisait un moteur de base de données orienté objet appelé O2 (choisi par la gestion du projet à la fin des années 1990) avec une interface utilisateur HTML. De plus, les contenus ont été fortement inter-connectés pour faciliter leur accès, et l'interface permettait des requêtes compliquées en utilisant des expressions logiques similaires de ceux du langage C. Cette base de données était seulement accessible par les membres du projet XID. La figure 2.30 montre les principales catégories de données dans XID-DB et leur connexion logique. Ces travaux sont rapportées dans articles incluant [HZ-C 13], Della Ceca, et al.[HZ-C 15], [HZ-A 23], Barcons, et al., [HZ-A 11], M.J. Page, et al., [HZ-A 12]. Ma contribution dans l'étude de classification statistique des source du rayon X est résumé dans la section 2.5.3.

De plus, j'ai participé à la préparation du catalogue des sources inespérées du UV observées pas le télescope XMM-OM à travers de la corrélation des sources de XMM-OM avec plusieurs catalogues astronomiques et vérification de qualité du catalogue. Les résultats sont rapportés dans Still, et al.[HZ-C 5, 4] et Page, et al.[HZ-A 2].

2.5.3 Datamining

Dans cette section je décris brièvement mes travaux sur le développement des méthodes pour le traitement de données, la classification notamment statistique d'objets astronomiques et la détection de sources dans des images astronomiques numériques avec du font variable.

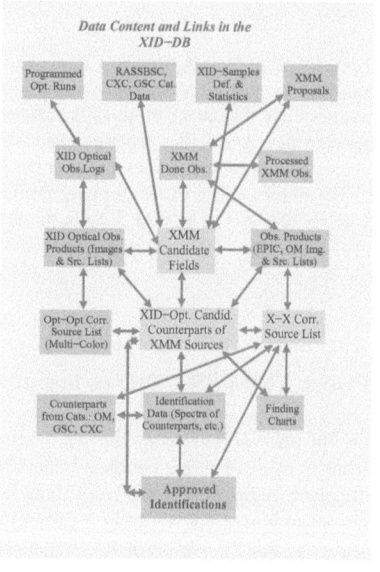

FIGURE 2.30 – Le contentu et la conception de la base de données XID-DataBase.

Identification statistique des sources de rayon X

Dans le cadre du projet XMMSSC-XID j'ai étudié les méthodes statistiques pour la classification automatique des sources du rayon X inespérées trouvées dans les champs observés par le télescope du rayon X XMM-NEWTON autorisé pour l'utilisation pour le projet de XID [HZ-R 160, HZ-A 23], et des sources dans la base de données publique de Chandra Multi-Wavelength Project (ChaMP) [HZ-A 16]. Cette

2.5. Gestion de données et datamining

étude était un des principaux objectifs du projet XID. à cette fin nous avons étudié plusieurs méthodes statistiques pour la classification automatique des sources du rayon X dans 4 catégories : Étoiles, BLAGN (AGN1), NELG (AGN2), et galaxie avec le redshift des objets classifiés comme extragalactiques. Ces méthodes ont utilisé les données caractérisant des objets dans 5 (ou 3 pour les sources de Chandra) bandes du rayon X de 0.2 keV à 10 keV, et les propriétés UV/OPTICAL/IR de leur contrepartie. Nous avons utilisé des sources avec une classification spectroscopique comme l'ensemble d'étude. Cependant, la taille de cet ensemble a été très limitée - environ 200. Cette restriction a rendu le problème de trouver des méthodes de classification appropriées et l'évaluation de leur exactitude significativement plus difficile. Nous avons constaté que des méthodes multidimensionnelles utilisant plusieurs bandes du rayon X, en particulier les bandes les plus énergiques, et plusieurs magnitudes ou couleurs optiques, incluant en particulier les bandes u ou g, sont les meilleures manière pour classifier les sources. Bien que dû à la taille limitée de l'ensemble d'apprentissage la précision de la classification et le redshift individuels ne soit pas très élevée, la classification statistique se reproduit bien les distributions de redshift et flux des sources. En outre, les informations obtenues de cette manière améliorent notre connaissance sur le comportement général d'une classe d'objets malgré les incertitudes de classification automatique et l'influence des propriétés de l'ensemble d'apprentissage qui peut être incomplet sur la classification. Les figures 2.31 et 2.32 montrent quelques résultats de ces travaux.

Élimination du fond des images astronomiques

L'interface Window de l'archive ALADIN des images astronomiques numérique ou numérisées incluait des outils pour la détection en ligne d'objets. Certaines de ces outils étaient développés par Philippe Paillou (maintenant á Université Paul Sabatier, Toulouse III, Laboratoire d'astrodynamique, d'astrophysique, et d'aéronomie de Bordeaux (L3AB)) qui avait développé la première version de l'interface. Le code de détection d'objet incluait une méthode pour la réduction du fond appropriée pour des images nuageux et avec du font variable. L'algorithme a été à l'origine utilisé dans le domaine de lecture automatique de textes [197] et avait été adapté par Philippe Paillou pour les images d'ALADIN. Cependant, il était extrêmement long. J'ai modifié l'algorithme à fin de réduire le temps d'exécution sans ou avec peu d'impact sur sa performance. Le nouvel algorithme appelé *Linear Logical Level (LLL)* calcule le fond séparément pour chaque pixel au lieu de la pratique habituelle de le calculer pour un maille. à cette fin les valeurs moyennes des pixels le long de 8 lignes - 2 horizontales, 2 verticales et 4 diagonales - centrées sur le pixel cible sont déterminées. Dans l'algorithme original en place des lignes, 8 rectangles ont été utilisés qui rendait le calcul pour des grandes images très long. Après la détermination du niveau du fond et son modèle autour du pixel, des contraintes logiques sont appliquées pour

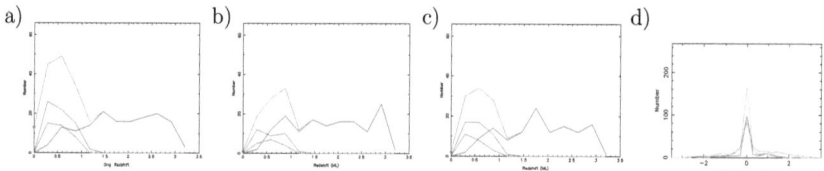

FIGURE 2.31 – Distribution de redshift des sources du rayon X classifiées : a) spectroscopic, b) classification automatique par la méthode du maximum de vraisemblance. Les paramètres utilisés pour des classifications sont : la fraction du flux des bandes X par rapport au flux en bande optique B ; c) Les mêmes critères que b) mais par rapport du flux en bande r. Les courbes sont la distribution de BLAGN (violets), NELG (magenta), galaxies (rouges) et étoiles (vert) ; d) La différence entre le redshift spectroscopique et statistique pour les méthodes étudiées : spectre de basse résolution (verte), maximum de vrsaisemblance (cyane), probabilité multidimensionnelle (violette), utilisation complémentaire des trois méthodes (orange).

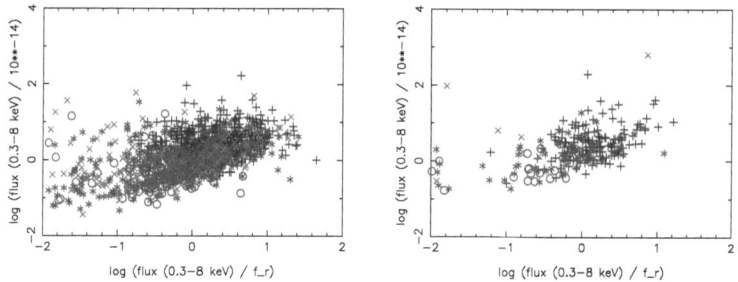

FIGURE 2.32 – Les rapports des flux. Gauche : Les objets classifiés par la méthode statistique ; Droite : Les objets classifiés par spectroscopie.

2.6. Conclusion sur l'ensemble des activités de recherche

se décider si le pixel appartient au font ou aux sources. Selon la nature d'image, des conditions logiques et le seuil peuvent être adaptés pour améliorer la performance. Cette méthode partiellement deblends les sources et accélère la détection des objets.

2.5.4 Conclusion

Dans cette section j'ai décrit ma contribution dans la préparation, la gestion de données, et l'exploration des projets astronomiques et leurs bases de données. En plus de leur utilisation pour les projets et les utilisateurs de leurs données, ils ont renforcé mon expertise et connaissance en développement des logiciels et des algorithmes d'analyse de données qui étaient utile pour mes recherches scientifiques.

2.6 Conclusion sur l'ensemble des activités de recherche

Pendant ma carrière en tant qu'une scientifique j'avais l'occasion de travailler sur une variété des thématiques qui ont été passés en revue dans ce chapitre. Malgré leur diversité apparente, beaucoup d'entre eux partagent des aspects communs et des intérêt se chevauchant. De plus, à l'époque où ils ont été effectués, ils avaient été parmi des sujets de recherches les plus prioritaires pour des grandes collaborations scientifiques ou pour l'exploration des nouvelles idées qui pourraient potentiellement avoir des impacts significatifs sur notre compréhension des lois fondamentales de la Nature. De plus, la pluridisciplinarité de ma recherche démontre ma capacité de m'adapter aux nouvelles sujets et idées, et maîtriser rapidement des nouvelles directions de recherche. Ce point est particulièrement important pour des physiciens théoriciens, car nous explorons des paysages et des directions complètement inconnus. Certains d'entre eux peuvent être fructueux et mener aux découvertes intéressantes, d'autres arrivent aux difficultés insurmontables ou aucun résultat utile. Dans ce cas, il est crucial d'être flexible et dynamique, et changer rapidement la direction si cela devient nécessaire.

Quant à mes résultats ils sont soulignés dans chaque section et je ne les répète par ici. Le seul point que je voudrais insister sur est le fait qu'en ce qui concerne l'énergie sombre, jusqu'ici la majorité des modèles proposés et des approches ont été phénoménologiques. La seule exception parmi eux est le *landscape* de la théorie des cordes. Malheureusement, à présent, il n'y a aucun consensus qu'il peut clarifier les mystères d'énergie sombre. Les résultats récapitulés dans ce mémoire montrent que nous avons besoin d'une compréhension plus rigoureuse des autres modèles plus phénoménologiques. Cette question conduit la perspective pour mon programme de recherche dans le proche avenir qui est discutée dans le chapitre suivant.

Chapitre 3

Perspectives

Les objectifs décrits ci-dessous sont la suite et l'extension de mes travaux précédentes sur les sujets a passé en revue dans le chapitre précédent. Certains entre eux sont actuellement en cours et d'autres sont des sujets sur lequel je voudrais travailler si j'ai l'occasion. Ma priorité de recherche comme auparavant serait l'énergie sombre en général et des modèles basés sur des champs scalaires quantiques et leur relation avec de la physique des constituants fondamentaux de l'Univers, en particulier. En plus de ce sujet principal, je voudrais continuer mes investigations sur certains d'autres sujets de mon intérêt, notamment sur la relation entre la mécanique quantique et la gravité et sur l'accélération des particules dans les chocs relativistes astronomiques.

3.1 Physique astroparticule Fundamentale et gravité

3.1.1 Énergie sombre

Simulation du condensé du champs quintessence : Les études efféctuées dans [HZ-A 6] sur la physique quantique des modèles de quintessence doit être étendu et raffinées, tant théoriquement que par des simulations numériques. Sur le plan théorique, il est nécessaire d'étendre la formulation de l'évolution du condensé à l'équation Kadanoff-Baym complète pour des propagateurs et inclure l'effet des corrections radiatives sur l'auto-énergie du champ de quintessence en considérant les diagrammes à 2 particules Irréductible (2PI). De plus, les calculs doivent être étendus à l'époque de dominance d'énergie sombre à redshifts $\lesssim 1$ qui correspond à environ la moitié de l'âge de l'Univers. Une telle étude est cruciale pour comprendre la nature d'énergie sombre, car pendant cette époque l'expansion de l'Univers devient encore plus rapide, et donc la survie d'un condensé quintessence qui doit avoir une densité presque constante devient plus dure.

L'étude d'une formulation si compliquée est seulement possible par des simulations numériques. Des résultats analytiques passés en revue dans le chapitre précédent pourraient être obtenus seulement sous des diverses approximations simplifiant le problème. Alors, en parallèle avec des l'amélioration des études théoriques il est nécessaire d'efféctuer des simulations numériques. De plus, elles doivent inclure l'évolution des espèces stables, car dans le contexte des modèles d'énergie sombre interagissante, en raison de l'interaction du champ scalaire de quintessence avec la matière noire et son impact sur la géométrie de l'Univers, l'évolution de tous les constituants sont corrélée.

Énergie sombre Multi-champs dans les modèles de physique de particules réalistes et inflation : les modèles de quintessence multi-champs classiques sont largement étudiés [198]. En général, ils peuvent avoir une structure plus riche des minimums, des directions plates, des brisures de symétrie pendant leur condensation, la formation du mur de domaine, etc. Alors, l'étude de leur physique dans le cadre de quantum de la théorie de champs hors-équilibre nous aide non seulement à mieux comprendre la physique fondamentale des modèles de quintessence, mais permet aussi d'examiner si des phénomènes émergants semblables à ce qui est observé dans la matière condensée peuvent se produire dans un Univers en expansion. Les symétries, leur brisure et l'existence du vides multiples dans le potentiel effectif de ce dernier aux époques récents et leur stabilité doivent être également examinés. Ces questions sont importantes pour comprendre la physique de particule d'un champ de quintessence. Il serait aussi intéressant d'examiner si la condensation des modes zéro de plusieurs champs dans le Univers primordial peut expliquer l'énergie sombre observée. Ceci est l'analogue des modèles multi-champs pour l'inflation. Sur le plan phénoménologique, en particulier dans le cadre des modèles d'énergie sombre interagissante, des modèles de physique de particule réalistes pour la matière noire, l'énergie sombre et leur interaction devraient être examinés.

Une relation entre l'inflation et l'énergie sombre qui toutes les deux mènent à l'expansion accélérante est suggérée et étudiée par beaucoup d'auteurs. Il serait intéressant d'étudier ce sujet dans le cadre des théorie quantique des champs pour voir si un potentiel effectif approprié pour chaque époque peut être obtenu. Dans les études classiques le potentiel correspondant est d'habitude ajouté à la main.

Phénoménologie d'énergie sombre, inflation, et non Gaussianité : Mon travail sur la discrimination entre des divers modèles doit être complété par des simulations pour trouver les meilleures méthodes pour extraire des données les paramètres définis et pour estimer les précisions réalisables avec les données des futures

3.1. Physique astroparticule Fundamentale et gravité

relevés comme DES et Euclid. En tant qu'une membre du Groupe de Travail Théorie (TWG) d'Euclid, je suis déjà impliqué dans les activités de préparation pour cette mission. Ces activités s'accéléreront dans un proche avenir et leur but est de se préparer pour traiter les données quand ils deviennent disponibles. Éventuellement, l'étude des aspects phénoménologiques d'énergie sombre peut être entreprise dans le cadre de la préparation pour Euclid et en collaboration avec d'autres membres du consortium d'Euclid.

Les phases des modes d'anisotropies incluent des informations supplémentaires sur le modèle d'inflation sous-jacente [199] et la non Gaussianité des fluctuations. Cette étude est un travail en cours en collaboration avec le groupe d'astronomie théorique à MPE. D'autre part, l'interaction entre la matière noire et l'énergie sombre incite nécessairement un certain non gaussianité dans le spectre de puissance - bien que d à la faiblesse d'interaction anticipée entre ces composants son amplitude doit être très petite. La non gaussianité induit par des modèles de gravité modifiés est calculé dans [200]. Un calcul similaire peut être éffectué pour des modèles de quintessence en interaction. De plus, il est important d'examiner comment nous pouvons distinguer entre les sources diverses de non gaussianité. à part des intérêts théoriques, ceci peut aider à réduire la dégénérescence entre des paramètres et des modèles.

3.1.2 Mécanique quantique et gravité quantique

Les difficultés de trouver un modèle de gravité quantique cohérent sont motivées l'idée de gravité et l'espace-temps comme des entités émergentes [47]. En plus, quelques auteurs [202] proposent une analogie entre l'espace-temps et les condensś qui peuvent mener à une meilleure compréhension de gravité quantique. Ces modèles peuvent être testés dans des expériences de gravité analogue. De plus, les inconsistances de gravité semi-classique [47], [HZ-A 7] sont bien connues. La version étendue de mécanique quantique discutée dans la section 2.4.5 a besoin d'amélioration et doit être étendu aux variables continus - une théorie de champs - dans le but d'étudier des forces émergentes et voir si une force semblable à la gravité et des entités semblables à l'espace-temps de la condensation de quelques degrés de liberté s'apparaissent. De plus, nous nous attendons qu'une telle recherche fournisse une meilleure compréhension et une formulation mathématique pour les inconsistances de gravité semi-classique mentionnée ci-dessus, et aide à concevoir les expériences réalistes qui grâce au progrès dans les domaines de l'information et technologies quantiques peuvent être réalisables.

De plus une étude sur la fondation de mécanique quantique et sa relation avec des symétries est un travail en cours.

Chapitre 3. Perspectives

3.1.3 Matière noire

Il y a plus en plus d'évidences montrant que la matière noire ou au moins une fraction de ceci n'est pas une entité non interagissante et froide c.à.d. le CDM, et doit avoir un couplage faible non gravitationnel aux autres composants de l'Univers, voir par exemple [203]. Ceci peut aussi inclure l'énergie sombre comme l'on a expliqué ci-dessus. Les futur découvertes par LHC et des expériences pour la détection directe de la matière noire peut nous aiderons à comprendre la nature de matière noire, et peut être pas. Pour cette raison d'autres moyens doivent aussi être employés. Pendant la décennie dernière beaucoup d'auteurs ont examiné l'effet d'une matière noire auto-interagissante sur des halos avec l'espoir de résoudre le problème du cusp central non observé et le grand nombre des satellites prévus par des simulations à N-corps. Cependant dans ce modèle l'échange d'énergie est entre les particules du même composant, et à long terme le cusp peut même devenir plus escarpé qu'en absence d'auto-interaction [204]. L'effet de physique des baryonique a été aussi examiné voir par exemple [205], mais il a besoin de suppositions spéciales et des conditions initiales minutieusement réglées pour résoudre ce problème. Une matière noire chaude peut résoudre le problème du cusp et les satellites, mais elle effacera la formation de structure aux petites échelles qui n'est pas en accord avec des observations. Je propose de considérer une interaction entre la matière noire et des composants visibles non contraints comme des neutrinos. Si leur couplage avec matière noire est maximum à quelques MeV, c.à.d. l'énergie moyenne des neutrinos produits par des étoiles et les supernovae, l'effet de leur interaction devient dominant à l'ère de formation d'étoile. Considérant la grande gamme de masse possibles pour la matière noire et pour la particule d'échange, cette condition peut être accomplie dans beaucoup de modèles de matière noire.

3.2 Astrophysique de haute énergie

Accélération de particules dans les environnements extrêmes : L'accélération des particules dans des sources astronomiques se produit dans la turbulence et les instabilités du plasma par des processus de Fermi. En raison de la nature fortement non linéaire de ces processus, une étude à partir des principes fondamentaux a besoin des simulations sophistiquées en utilisant la technique *Particle In Cell (PIC)*, mais à présent la limitation de pouvoir de calculs contraignent leur application. Dans ce cas les simulations phénoménologiques semblables à ce que l'on a expliqué dans la section 2.3.3 peuvent jouer un rôle important. Leur extension doit inclure tant l'approche semi-analytique que des simulations numériques et une nouvelle méthodologie. On peut considérer un choc relativiste comme une interaction de faisceau-plasma et la Structure d'Énergie Électromagnétique (EES) [150] comme

3.2. Astrophysique de haute énergie

une onde électromagnétique solitonique [206, 207]. On peut simplifier le problème en étudiant séparément la formation de l'EES et la prise au piège et l'accélération des particules chargées à travers de cette onde, voir [208, 209] pour une revue. L'ensemble de ces deux techniques devrait fournir un mieux et plus rapide moyen pour la simulation de l'accélération des particule dans des objets astronomiques.

Modélisation des sursauts gamma : Dans [HZ-A 8] on propose une procédure pour l'extraction des paramètres du modèle phénoménologique d'émission GRB discutée dans la section 2.3.3. Cependant il n'a jamais été appliqué de façon systématique aux sursauts réels. Cette méthodologie doit être remise à jour pour pouvoir faire face au modèle et aux simulations plus sophistiqués incluant des intervalles multiple et un champ magnétique externe développés dans [HZ-A 5]. à cette fin il doit être d'abord appliqué aux sursauts simulés et après le raffinement de la procédure d'extraction de paramètres aux GRB réels.

Bibliographie

[1] [1] S. Perlmutter, *et al.*, *ApJ.* **517**, (1999) 565, M. Hicken, *et al.*, *ApJ.* **700**, (2009) 1097 (latest results).

[2] E. Komatsu, *et al.*, *ApJ.Lett.* **192**, (2011) 18, BOSS Collaboration (2012).

[3] S. Weinberg, *Rep. Mod. Phys.* **91**, (1989) 1.

[4] S. Das, P.S. Corasaniti, J. Khoury, *Phys. Rev.* D **73**, (2006) 083509 [astro-ph/0510628].

[5] C. Wetterich, *A.& A.* **301**, (1995) 321 [astro-ph/9408025], L. Amendola, *Phys. Rev.* D **62**, ((2000)) 043511 [astro-ph/9908023].

[6] L. Amendola, *Phys. Rev. Lett.* **86**, ((2001)) 196 [astro-ph/0006300].

[7] B. Ratra, P.J.E. Peebles, *Phys. Rev.* D **37**, (1988) 3406, C. Wetterich, *Nucl. Phys.* B **302**, (1988) 668.

[8] H.A. Buchdahl, *MNRAS* **150**, (1970) 1.

[9] L.P. Chimento, A.S. Jakubi, D. Pavòn, W. Zimdahl, *Phys. Rev.* D **67**, ((2003)) 083513 [astro-ph/0303145], L.P. Chimento, A.S. Jakubi, D. Pavòn, *Phys. Rev.* D **67**, ((2003)) 087302 [astro-ph/0303160].

[10] L.P. Chimento, A.S. Jakubi, D. Pavòn, *Phys. Rev.* D **62**, ((2000)) 063508 [astro-ph/0005070], L.P. Chimento, A.S. Jakubi, N.A. Zuccala, *Phys. Rev.* D **63**, ((2001)) 103508 [astro-ph/0101549].

[11] W. Zimdahl, D. Diego Pavòn, L.P. Chimento, *Phys. Lett.* B **521**, ((2001)) 133 [astro-ph/0105479].

[12] D. Tocchini-Valentini, L. Amendola, *Phys. Rev.* D **65**, ((2002)) 063508 [astro-ph/0108143].

[13] L. Amendola, *et al.*, *Phys. Rev.* D **67**, ((2003)) 043512 [astro-ph/0208032], J. Sonner & P.K. Townsend *Phys. Rev.* D **74**, (2006) 103508 [hep-th/0608068], C. Wetterich, *Phys. Rev.* D **77**, (2008) 103505 [arXiv :0801.3208].

---

1. Il y a des milliers d'articles publiés sur les sujets discutés dans ce mémoire et il est impossible de citer tous. Alors, cette liste ne est pas la bibliographie exclusives, mais la représentative des travaux exécutées sur ces thèmes.

[14] J.A. Frieman, C.T. Hill, A. Stebbins, I. Waga, *Phys. Rev. Lett.* **75**, (1995) 2077, N. Kaloper, L. Sorbo, *J. Cosmol. Astrop. Phys.* **0604**, (2006) 007.

[15] S. Matsumoto and T. Moroi *Phys. Rev.* D **77**, (2008) 045014.

[16] R.J. Glauber, *Phys. Rev.* **131**, (1963) 2766.

[17] E. Komatsu, *et al.*, *ApJ.Lett.* **192**, (2011) 18.

[18] J. Polchinski [hep-th/0603249], R. Bousso [arXiv :1203.0307].

[19] J. Yokoyama, *Phys. Rev. Lett.* **88**, (2002) 151302.

[20] C. Kiefer, *et al.*, *Class.Quant.Grav.* **28**, (2011) 125022.

[21] Rees, M.J. & Mészáros, P., *ApJ.* **430**, (1994) L93, *ApJ.Lett.* **496**, (1998) L1.

[22] McLerran L. & Venugopalan R., *Phys. Rev.* D **49**, (1994) 2233, Iancu E., Leonidov A., & McLerran L., *Nucl. Phys.* A **692**, (2001) 583.

[23] N. Seiberg, arXiv :hep-th/0601234 (2006), Yang, H.S., *Mod. Phys. Lett.* A **22**, (2007) 1119.

[24] V.L. Dadykin, *et al.*, JPL **45**, (1987) 593, K. Hirata, *et al.*, *Phys. Rev. Lett.* **58**, (1987) 1490, *Phys. Rev.* D **38**, (1988) 448, R.M. Bionta, *et al.*, *Phys. Rev. Lett.* **58**, (1987) 1494, C.B. Bratton, *et al.*, *Phys. Rev.* D **37**, (1988) 3361, E.N. Alekseev, *et al.*, *Phys. Lett.* B **205**, (1988) 209.

[25] Bird D.J. *et al.*, *ApJ.* **424**, (491) 1994.

[26] R.A. Watson, *et al.*, *Nature* **357**, (1992) 660, G. Smooth, *et al.*, *ApJ.* **396**, (1992) 1.

[27] C.B. Netterfield, *et al.*, *ApJ.Lett.* **445**, (1995) L69, *ApJ.* **474**, (1997) 47.

[28] A. Kogut, *et al.*, *ApJ.Suppl.* **148**, (2003) 161 [astro-ph/0302213].

[29] G.B. Dalton, *et al.*, *MNRAS* **271**, (1994) 47, *MNRAS* **289**, (1997) 263 [astro-ph/9701180].

[30] Alcock C., *et al.*, *ApJ.* **471**, (774) 1996, *ApJ.* **486**, (697) 1997.

[31] S.D.M. White, *et al.*, *Nature* **366**, (1993) 429.

[32] L. Kofman, A. Linde, & A. Starobinsky, *Phys. Rev. Lett.* **73**, (1994) 3195, *Phys. Rev.* D **56**, (1997) 3258, Felder, *et al.*, *Phys. Rev. Lett.* **87**, (2001) 011601, *Phys. Rev.* D **64**, (2001) 123517.

[33] W. Buchmüller, (2012) [arXiv :1212.3554] (recent review).

[34] A. Einstein, Preussische Akademie derWisserschaften, Sitzungsberichte, (1917), p. 142.

[35] A. Friedmann, (1924), Leningrad (St. Pertersbourg), Russia.

[36] G. Lemaître, *Ann. Soc. Sci. Brux.* A **47**, (1927) 49.

[37] W. De Sitter, *MNRAS* **78**, (1917) 3.

[38] V. Slipher, Lowell Observatory Bulletin 1 (1912) 2.562.57, E. Hubble, Edwin (1929). in "Proceedings of the National Academy of Sciences of the United States of America 15 (1929) 168.

[39] Letter from Lemaître to Einstein on 3 Oct. 1947, (see e.g. J.P. Luminet, "Essais de cosmologie", Seuil, Paris, (1997).

[40] W.L Freedman, *et al.*, *Nature* **371**, (1994) 757.

[41] R.A.W. Elso, G.F. Gilmore, B.X. Santiago, *MNRAS* **289**, (1997) 157 [astro-ph/9705149], R. Jimenez, *ASP Conf.Ser.* **126**, (1997) 411.

[42] A. Cohen, D. Kaplan, & A. Nelson, *Phys. Rev. Lett.* **82**, (1999) 4971 [hep-th/9803132].

[43] M.R. Douglas, *J. High Ener. Phys.* **0305**, (2003) 046 [hep-th/0303194], S.K. Ashok & M.R. Douglas, *J. High Ener. Phys.* **0401**, (2004) 060 [hep-th/0307049].

[44] B. Allen, *Phys. Rev.* D **32**, (1985) 3136.

[45] N.D. Birrell & P.C.W. Davis, *Quanyum fields in curved space*, Cambridge Univ. Press, (1986).

[46] E.J. Copeland, M. Sami, & S. Tsujikama, *Int. J. Mod. Phys.* D **15**, (2006) 1753 [hep-th/0603057].

[47] K. Eppley, & E. Hannah E., *Found. Phys.* **7**, (1977) 51.

[48] S.K. Lamoreaux, *Phys. Rev. Lett.* **78**, (1997) 5.

[49] G.L. Klimchitskaya, *et al.*, *Int. J. Mod. Phys.* A , (2005) 1 [quant-ph/0506120].

[50] A. Casher & L. Susskind, *Phys. Rev.* D **9**, (1974) 436, A.A. Belavin, *et al.*, *Phys. Lett.* B **59**, (1975) 85, G. t'Hooft, *Phys. Rev.* D **14**, (1976) 3432.

[51] J. Polchinski [hep-th/0603249].

[52] R. Bousso [arXiv :1203.0307].

[53] S. Matsumoto and T. Moroi *Phys. Rev.* D **77**, (2008) 045014, arXiv :0709.4338.

[54] M.L. Chiofalo & M.P. Tosi, *Europhys. Lett.* **56**, (2001) 326.

[55] Abdo *et al.*(Fermi GBM/LAT Collaboration), *Nature* **462**, (2009) 331 [arXiv :0908.1832].

[56] P. Binétruy, (2012) [1208.4645].

[57] ATLAS Collaboration, *Phys. Lett.* B **718**, (2012) 391, *Phys. Lett.* B **718**, (2012) 369, S. Chatrchyan, *et al.*(CMS Collaboration), *J. High Ener. Phys.* **11**, (2012) 088.

[58] O. Penrose & L. Onsager, *Phys. Rev.* **104**, (1956) 576.

[59] M.L. Chiofalo & M.P. Tosi, *Europhys. Lett.* **56**, (2001) 326.

[60] S.J. Brodsky & R. Shrock, *Pub. Nation. Acad. Sci.* **108**, (2011) 45.

[61] H. Wei & R.G. Cai astro0603052, J. Beltrán Jimńez & A.L. Maroto, astro0801.1486, V.A. Lorenci, gr0902.2672

[62] P.J. Steinhardt, L. Wang, I. Zlatev, *Phys. Rev.* D **59**, (1999) 123504, astro-ph/9812313.

[63] V. K. Onemli, R. P. Woodard, *Phys. Rev.* D **70**, (2004) 107301 [gr-qc/0406098], M. Garny *Phys. Rev.* D **74**, (2006) 043009 [hep-ph/0606120].

[64] R.R. Caldwell, *Phys. Lett.* B **545**, (2002) 23 [astro-ph/9908168], R.R. Caldwell, M. Kamionkowski, N.N. Weinberg, *Phys. Rev. Lett.* **91**, (2003) 071301 [astro-ph/0302506].

[65] S. Perlmutter, *et al.*, *ApJ.* **517**, (1999) 565, M. Hicken, *et al.*, *ApJ.* **700**, (2009) 1097 (latest results).

[66] S. Perlmutter, *et al.*, *ApJ.* **483**, (565) 1997

[67] S. Perlmutter, *et al.*, *ApJ.* **517**, (565) 1999.

[68] M. Hamuy, *et al.*, *Astron. J.* **112**, (2391) 1996.

[69] C.T. Hill, *Nucl. Phys.* B **224**, (469) 1983, C.T. Hill, D.N. Schramm & T.P. Walker, *Phys. Rev.* D **36**, (1007) 1987, Sigl G, Lee S., Schramm D.N., Bhattacharjee P., 1994 (3), Sigl G, Bhattacharjee P., Schramm D.N., astro-ph/9403093, Sigl G., *Space Sci. Rev.* **75**, (375) 1996, Bhattacharjee P., *Phys. Rev. Lett.* **81**, (260) 1998.

[70] V. Berezinsky V. & A.A. Mikhailov, *Phys. Lett.* B **449**, (237) 1999.

[71] M. Kachelriess, XXth Rencontres de Blois, "Challenges in Particle Astrophysics", [arXiv :0810.3017], L.A. Anchordoqui, Lectures in "6th CERN-Latin-American School of High-Energy Physics", Natal, Brazil, March (2011) [arXiv :1104.0509], M. Lemoine, in "Proc. 23rd European Cosmic Ray Symposium", (2012) [arXiv :1209.6442].

[72] J.D. Hague, *et al.*, *Astropart. Phys.* **27**, (2007) 134 [astro-ph/0609655], Pierre Auger Collaboration, *Science* **318**, (2007) 938 [arXiv :0711.2256], D. Gorbunov, *et al.JETPhys. Lett.* **87**, (2008) 461 [arXiv :0711.4060], M.R. George, *et al.MNRAS* **388**, (2008) L59 [arXiv :0805.2053], N.M. Nagar & J. Matulich *A.& A.* **488**, (2008) 879 [arXiv :0806.3220], I.V. Moskalenko *ApJ.* **693**, (2009) 1261 [arXiv :0805.1260].

[73] N. Mirabal, I. Oya, (2010)[arXiv :1002.2638], W.A. Terrano, I. Zaw, G.R. Farrar, (2011)[arXiv :1109.0267], F. Oikonomou, *et al.*[arXiv :1207 :4043].

[74] J. Ellis J., J.L. Lopez, D.V. Nanopoulos *Phys. Lett.* B **245**, (375) 1990, J. Ellis, V.E. Mayes & D.V. Nanopoulos, *Phys. Rev.* D **70**, (2004) 075015 [hep-ph/0403144], *Phys. Rev.* D **74**, (2006) 115003 [astro-ph/0512303].

[75] D. Chung, E.W. Kolb, A. Riotto, *Phys. Rev.* D **59**, (1999) 023501 hep-ph/9802238, V. Kuzmin & I. Tkachev, *JETPhys. Lett.* **68**, (1998) 271 hep-ph/9802304, D. Chung, hep-ph/9809489, D. Chung, L.L. Everett, A. Riotto, *Phys. Lett.* B **556**, (2003) 61 [hep-ph/0210427].

[76] D. Lyth, *Phys. Lett.* B **488**, ((2000)) 417 [hep-ph/9911257], *Phys. Lett.* B **476**, ((2000)) 356 [hep-ph/9912313].

[77] E.W. Kolb, D. Chung, A. Riotto, (1998) [hep-ph/9810361].

[78] T. Asaka, M. Kawasaki, T. Yanagida *Phys. Rev.* D **60**, ((1999)) 103518 hep-ph/9904438, G.F. Giudice, E.W. Kolb, A. Riotto,

[79] F. Lombardo & F. Mazzitelli, *Phys. Rev.* D **53**, (1996) 2001 hep-th/9508052, S. Habib, *et al.*, *Phys. Rev. Lett.* **76**, (1996) 4660 hep-ph/9509413, F. Lombardo, F. Mazzitelli, R. Rivers, hep-ph/0204190 and refereces therein.

[80] A.A. Starobinsky, in *Current Topics in Field Theory, Quantum Gravity, and Strings*, Ed. H.J. De Vega, N. Sanchez, Lecture Notes in Physics Vol. 226, (Springer, 1986).

[81] S. Habib, *Phys. Rev.* D **46**, ((1992)) 2408, E.A. Calzetta, B.L. Hu, F. Mazzitelli, *Phys. Rep.* **352**, ((2001)) 459 and references therein.

[82] B. Kalus, *et al.*, (2012) [arXiv :1212.369].

[83] I. Zehavi, *et al.*(SDSS Collaboration), *ApJ.* **571**, ((2002)) 172, R. Bean, *et al.*, *Phys. Rev.* D **78**, (2008) 123514 [0808.1105], F. Schmidt, A. Vikhlinin, W. Hu, *Phys. Rev.* D **80**, (2009) 083505 [0908.2457].

[84] E. Komatsu, *et al.*, *ApJ.Suppl.* **192**, (2011) 18, J. Dunkley, *et al.*, *ApJ.* **739**, (2011) 52, R. Keisler, *et al.*, *ApJ.* **743**, (2011) 28, S. Joudaki, K.N. Abazajian & M. Kaplinghat, (2012) [arXiv :1208.4354].

[85] LSND collaboration, , A.A. Aguilar-Arevalo, *et al.*, *Phys. Rev.* D **64**, (2001) 112007 [hep-ex/0104049], MiniBooNE collaboration, A.A. Aguilar-Arevalo, *et al.*, *Phys. Rev. Lett.* **105**, (2010) 181801 [arXiv :1007.1150].

[86] C. Brans & R.H. Dicke, PRV **124**, (1961) 925,

[87] P.G. Bergmann, *Int. J. Theor. Phys.* **1**, (1968) 25, K. Nordtvedt, *ApJ.* **161**, (1970) 1059, R.V. Wagoner, *Phys. Rev.* D **1**, (1970) 3209.

[88] T. Kaluza, *Zum Unittsproblem in der Physik*, Sitzungsber. Preuss. Akad. Wiss. Berlin. (Math. Phys.) , (1921) 966.

[89] O. Klein, *Quantentheorie und fnfdimensionale Relativittstheorie*, Zeitschrift fr Physik *A* **37**, (1926) 895.

[90] D.G. Boulware, G.T. Horowitz & A. Strominger, *Phys. Rev. Lett.* **50**, (1983) 1726.

[91] LHC - ATLAS & CMS collaboration (2012).

[92] N.P. Seregin, F.S. Nasredinov & P.P. Seregin *J. Phys.: Condens. Matter* **13**, (2001) 149, B. Mansart, *et al.*, (2011) [arXiv :1112.0737].

[93] J. Yokoyama, *Phys. Rev. Lett.* **88**, (2002) 151302 [hep-th/0110137].

[94] C. Kiefer, *et al.*, *Class.Quant.Grav.* **28**, (2011) 125022 [arXiv :1010.5331].

[95] D. N. Krizhanovskii, et al., Phys. Rev. B **80**, (2009) 045317 [arXiv :0903.1570].

[96] H. Collins, R. Holman, Phys. Rev. D **71**, (2005) 085009, hep-th/0501158, H. Collins, R. Holman, hep-th/0507081.

[97] O. Penrose & L. Onsager, Phys. Rev. **104**, (1956) 576.

[98] T. Falk, K.A. Olive, M. Srednicki, Phys. Lett. B **339**, (1994) 248 hep-ph/9409270, T. Han, R. Hempfling, Phys. Lett. B **415**, (1997) 161, hep-ph/9708264, L.J. Hall, T. Moroi, H. Murayama, Phys. Lett. B **424**, (1998) 305, hep-ph/9712515, T. Asaka, K. Ishiwata, T. Moroi, Phys. Rev. D **73**, (2006) 051301, hep-ph/0512118, S. Gopalakrishna, A. de Gouvêa, J. Cosmol. Astrop. Phys. **0605**, (2006) 005, hep-ph/0602027, L. Basso, et al., (2012) [arXiv :1207.0507].

[99] O.A. Fonarev, gr-qc/9311018 (review).

[100] C. Greiner, S. Leupold, Annals Phys. **270**, (1998) 328 [hep-ph/9802312].

[101] D. N. Krizhanovskii, et al., Phys. Rev. B **80**, (2009) 045317 [arXiv :0903.1570].

[102] J-P. Gazeau, "Coherent states in quantum mechanics", Wiley-VCH, Berlin, (2009).

[103] N. Kaloper, et al., J. High Ener. Phys. **0211**, (2002) 037 [hep-th/0209231], K. Schalm, G. Shiu, J.P. van der Schaar, J. High Ener. Phys. **0404**, (2004) 076 [hep-th/0401164], B. Greene et al., Journal J. Cosmol. Astrop. Phys.05022005001 [hep-th/0411217].

[104] E. Mottola, Phys. Rev. D **31**, (1985) 754, B. Allen, Phys. Rev. D **32**, (1985) 3136, M.B. Einhorn, F. Larsen, Phys. Rev. D **67**, (2003) 024001.

[105] N.D. Birrell, P.C.W. Davies, "Quantum fields in curved space", Cambridge University Press (1982).

[106] E.L. Lehmann, H.J.M. Dabrera, *Nonparametrics*, Holden-Day, San Fransisco, CA, (1975), J.M. Moriss, IEEE Trans. Comm. **39**, (1991) 1726.

[107] H. Gil Kim, et al., IEEE MILCOM 97 Proceedings, Vol. 3, (1997), 1382.

[108] L. Amendola, M. Kunz & D. Sapone, J. Cosmol. Astrop. Phys. **0804**, (2008) 013 [arXiv :0704.2421], A.V. Pan & U. Alam, (2010) [arXiv :1012.159].

[109] R. Bean et al., Phys. Rev. D **75**, (2007) 064020 [astro-ph/0611321].

[110] W. Zimdahl, J. Triginer, & D. Pavón, Phys. Rev. D **54**, (1996) 6101 [gr-qc/9608038].

[111] H.J. Seo & D.J. Eisenstein, ApJ. **598**, (2003) 720 [astro-ph/0307460], ApJ. **633**, (2005) 575 [astro-ph/0507338], ApJ. **665**, (2007) 14, [astro-ph/0701079].

[112] J. Erlich, B. Glover, & N. Weiner, J. Cosmol. Astrop. Phys. **0803**, (2008) 0062008 [arXiv :0709.3442], F. Schmidt, A. Vikhlinin, & W. Hu, Phys. Rev. D **80**, (2009) 083505 [arXiv :0908.2457].

[113] L. Amendola, M. Kunz, D. Sapone, *J. Cosmol. Astrop. Phys.* **0804**, (2008) 013 [arXiv :0704.2421], E. Bertschinger, P. Zukin, *Phys. Rev.* D **78**, (2008) 024015 [arXiv :0801.2431].

[114] E.V. Linder, *Phys. Rev.* D **72**, (2005) 043529 [astro-ph/0507263].

[115] E.W. Kolb, *et al.*, *Phys. Rev.* D **71**, (2005) 023524 [hep-ph/0409038], E. Baraausse, *et al.*, *Phys. Rev.* D **71**, (() 2005)063537 [astro-ph/0501152], E.W. Kolb, *et al.*, (2005) [hep-th/0503117], E.W. Kolb, *et al.*, *Gen. Rel. Grav* **42**, (2010) 1399 [arXiv :0901.4566].

[116] T. Buchert, *Class.Quant.Grav.* **22**, (2005) L113 [gr-qc/0507028], S. Rasanen, *Int. J. Mod. Phys.* D **15**, (2006) 2141 [astro-ph/0605632], T. Buchert, *Gen. Rel. Grav* **40**, (2008) 467 [arXiv :0707.2153], N. Li, *et al.*(2012) [1208.3376].

[117] G. Gishnizjani, *et al.*, *Phys. Rev.* D **72**, (2005) 023517 [astro-ph/0503553], E.E Flanagan, *Phys. Rev.* D **71**, (2005) 103521 [hep-th/0503202], D. Zeng & Y. Gao, [hep-th/0503154], C.M. Hirata & U. Seljak, *Phys. Rev.* D **72**, (2005) 083501 [astro-ph/0503582], J. Larena, *et al.*, *Phys. Rev.* D **79**, (2009) 083011 [arXiv :0808.1161].

[118] A. Ishibashi, R.M. Wald, *Class.Quant.Grav.* **23**, (2006) 235 [gr-qc/0509108].

[119] K. Hamaguchi, *et al.*, *Phys. Rev.* D **60**, (1999) 125009 [hep-ph/9903207].

[120] K. Griest & M. Kamionkowski *Phys. Rev. Lett.* **64**, (615) 1990.

[121] T. Abu-Zayyad *et al.*, *Proc. 26th Int. Cosmic Ray Conf*, Salt Lake City, **5**, (1999), 349, J. Boyer *et al.*, *Nucl.Inst.&Methods in Phys.Res* A **482**, (2002) 457.

[122] Hayashida N. *et al.*, *Phys. Rev. Lett.* **73**, (3491) 1994.

[123] Pierre Auger Collaboration, *Nucl.Inst.&Methods in Phys.Res* A **523**, (2004) 50.

[124] Malkov M.A., *ApJ.* **511**, (L53) 1999.

[125] Greisen, K., *Phys. Rev. Lett.* **16**, (748) 1966, Zatsepin G.T. & Kuzmin V.A., *JETPhys. Lett.* **4**, (78) 1966.

[126] D. De Marco & T. Stanev, PRD **72**, (2005) 081301, R. Aloisio, V. Berezinsky & A. Gazizov, (2012) [arXiv :1211.0494].

[127] Pierr Auger collaboration, *ApJ.Suppl.* **203**, (2012) 34 [arXiv :1210.3736].

[128] M.S. Pshirkov, A.V. Tuntsov, *Phys. Rev.* D **81**, (2010) 083519 [arXiv :0911.4955]. e

[129] DELPHI Collab. EPS-HEP99 paper 3-146, OPAL Collab. EPS-HEP99 paper 1-4, Abbiendi G. *et al.*, *Europ. J. Phys.* C **11**, (217) 1999.

[130] Muller A.H., *Phys. Rev.* D **4**, (150) 1971, Khoze V. A. & Ochs W., *Mod. Phys.* A **12**, (2949) 1997, Andersson *et al.*, *Phys. Rep.* **97**, (31) 1983, Sjöstrand, *Nucl. Phys.* B **248**, (469) 1984, *Int. J. Mod. Phys.* **A3**, (751) 1988.

[131] J. Ehlers, in "General Relativity and Cosmology", ed. B.K. Sachs, Academic Press NewYork (1971).
[132] Arendt R.G., et al., ApJ. **508**, (74) 1998.
[133] Miyaji T., et al., Astro. Nachri. **319**, (1998) 70 [astro-ph/9803320].
[134] M. Birkel & S. Sarkar, Astropart. Phys. **9**, (297) 1998, O.E. Kalashev, V.A. Kuzmin & D.V. Semikoz [astro-ph/9911035].
[135] Pierre Auger Collaboration, Astropart. Phys. **31**, (2009) 399 [arXiv :0903.1127].
[136] F.Y. Zhao, R.G. Strom, S.Y. Jiang, Chin. J. Astron. Astrophys. **6**, (2006) 635.
[da Silva 1993] L.A.L. da Silva, L.A.L. (1993), The Classification of Supernovae, Astrophys.Space.Sci. **202**, (1993) 215.
[137] R.W. Klebesadel, I.B. Strong, & R.A. Olson R.A., ApJ. **182**, (1973) L85.
[138] Bonnell J. (1995), http ://apod.nasa.gov/htmltest/jbonnell/www/grbhist.html.
[139] B. Paczynski, B. (1986), ApJ.Lett. **308**, (1986) L43-L46.
[140] J. Goodman, J. (1986), ApJ.Lett. **308**, (1986) L47.
[141] T. Piran, Phys. Rep. **314**, (1999) 575 [astro-ph/9810256].
[142] M.J. Rees & P. Mészáros, ApJ. **430**, (1994) L93 [astro-ph/9404038].
[143] E.E. Fenimore & E. Ramirez-Ruiz, (1999) [astro-ph/9909299].
[144] H. Umeda, N. Tominaga, K. Maeda, & K. Nomoto, K., ApJ. **633**, (2005) L17, astro-ph/0509750.
[145] M. Medvedev & A. Loeb, ApJ. **526**, (1999) 697 [astro-ph/9904363].
[146] M. Lyutikov & R.D. Blandford, [astro-ph/0312347].
[147] R. Sari, R. Narayan, & T. Piran, ApJ. **473**, (1996) 204 [astro-ph/9605005].
[148] T. Sakamoto, et al., ApJ.Suppl. **175**, (2008) 179 [arXiv :0707.4626].
[149] A. Spitkovsky, ApJ. **682**, (2008) 5 [arXiv :0802.3216].
[150] G.C. Murphy, M.E. Dieckmann, O'C.L. Drury, IEEE Transactions on Plasma science, 38 (2010) 2985 [arXiv :1011.4406].
[151] Blandford, R.D. & McKee, C.F., Phys. of Fluids **19**, (1976) 1130.
[152] Virtanen, J.J.P. & Vainio, R., ApJ. **621**, (2005a) 313 [astro-ph/0411184], Virtanen, J.J.P. & Vainio, R., A.& A. **439**, (2005b) 439 [astro-ph/0505598].
[153] M. Ackermann et al., ApJ. **729**, (2011) 114, [arXiv :1101.2082].
[154] M. Ackermann et al., ApJ. **716**, (2010) 1190, [arXiv :1005.2141].
[155] A. Abdo, et al., Science **323**, (2009) 1688.
[156] P. Kumar & R. Barniol-Duran, MNRAS **400**, (2009) L75 [arXiv :0905.2417], G. Ghirlanda, G. Ghisellini, & L. Nava A.& A. **510**, (2010) L7 [arXiv :0909.0016], S.Y. Feng & Z.G. Dai, (2010) [arXiv :1011.3103].

[157] K. Toma, X.F. Wu, P. Mészáros, (2010) [arXiv :1002.2634].

[158] Z.P. Jin & Y.Z. Fan, *MNRAS* **378**, (2007) 1043 [astro-ph/0701715], M. Nysewander, *et al.*, *ApJ.* **693**, (2009) 1417 [arXiv :0708.3444].

[159] S.R. Oates, M.J. Page, P. Schady, M. de Pasquale, T.S. Koch, *et al.*, *MNRAS* **395**, (2009) 490 [arXiv :0901.3597].

[160] R.V.E. Lovelace, M.M. Romanova, G.S. Bisnovatyi-Kogan, *ApJ.* **625**, (2005) 957 [astro-ph/0508168].

[161] C.B. Markwardt, *et al.*, *GCN Circ.* 9645, (2009), S. Golenetskii, & Konus-Wind and Konus-RF *GCN Circ.* 9647, (2009), D. Gotz, *et al.*, *GCN Circ.* 9649, (2009), M. Ohno, *et al.*, *GCN Circ.* 9653, (2009).

[162] S.B. Cenko, N.R. Buttler, E.O. Ofek, D.A. Perley, A.N. Morgan, D.A. Frail, J. Gorosabel, J.S. Bloom, *et al.*, *Astron. J.* **140**, (2010) 224 [arXiv :0911.3150].

[163] D.A. Perley, S.B. Cenko, & J.S. Bloom, *GCN Circ.* 10903, (2010).

[164] M. H. Siegel, *et al.*, *GCN Circ.* 14089, P.A. Evans, *et al.GCN Circ.* 14090, *GCN Circ.* 14093, S.R. Oates, *et al.*, *GCN Circ.* 14092, J.R. Cummings, *et al.*, *GCN Circ.* 14096.

[165] N. Arkani-Hamed, S. Dimopoulos and G. Dvali, *Phys. Lett.* B **429**, (263) 1998 [hep-ph/9807344] I. Antoniadis, *et al.*, *Phys. Lett.* B **436**, (257) 1998 [hep-ph/9804398].

[166] L. Randall and R. Sundrum, *Phys. Rev. Lett.* **83**, (3370) 1999 [hep-ph/9905221], L. Randall and R. Sundrum, *Phys. Rev. Lett.* **83**, (4690) 1999 [hep-ph/9906064].

[167] V.A. Rubakov and M.E. Shaposhinkov, *Phys. Lett.* B **125**, (139) 1983, K. Akama, *Lect. Notes Phys.* **176**, (267) 1982.

[168] I. Antoniadis, *Phys. Lett.* B **246**, (377) 1990, P. Horava and E. Witten, *Nucl. Phys.* B **460**, (506) 1996 [hep-th/9510209], *Nucl. Phys.* B **475**, (94) 1996 [hep-th/9603142].

[169] W.D. Goldberger and M.B. Wise, *Phys. Rev. Lett.* **83**, (4922) 1999 [hep-ph/9907447], P. Binétruy, J.M. Cline and C. Grojean, *Phys. Lett.* B **489**, (403) 2000 [hep-th/0007029].

[170] Sh. Kobayashi, K. Koyama and J. Soda, *Phys. Lett.* B **501**, (157) 2001 [hep-th/0009160].

[171] R. Gregory, V.A. Rubakov and S.M. Sibiryakov, *Phys. Rev. Lett.* **84**, (5928) 2000 [hep-th/0002072], W. Mück, K.S. Viswanathan and I.V. Volovich, *Phys. Rev.* D **62**, (105019) 2000 [hep-th/0002132], R. Gregory, V.A. Rubakov and S.M. Sibiryakov, *Class.Quant.Grav.* **17**, (4437) 2000 [hep-th/0003109], S.L. Dubovsky, V.A. Rubakov, P.G. Tinyakov, *Phys. Rev.* D **62**, (105011) 2000 [hep-th/0006046], *J. High Ener. Phys.* **0008**, (041) 2000 [hep-ph/0007179].

[172] J. Polchinski, (1996) [hep-th/9611050].

[173] S.L. Dubovsky, V.A. Rubakov, *Int. J. Mod. Phys.* A **16**, (4331) 2001 hep-th/0105243.

[174] M. Fairbairn & L.M. Griffiths, *J. High Ener. Phys.* **0202**, (2002) 024 [hep-ph/0111435].

[175] P. Kanti, I.I. Kogan, K.A. Olive & M. Pospelov, *Phys. Lett.* B **468**, (31) 1999 [hep-ph/9909481], *Phys. Rev.* D **61**, (106004) 2000 [hep-ph/9912266], C. Csáki *et al.*, *Phys. Rev.* D **62**, (045015) 2000 [hep-ph/9911406].

[176] J. Lesgourgues, *et al.*, *Phys. Lett.* B **489**, (411) 2000, [hep-ph/0004086], P. Kanti, K.A. Olive & M. Pospelov, *Phys. Rev.* D **62**, (2000) 126004 [hep-ph/0005146].

[177] G. Mangano, *et al.*, *Nucl. Phys.* B **729**, (2005) 221 [hep-ph/0506164].

[178] R. Kallosh & A. Linde, J **H**, (E) P 0002 :005,2000 hep-th/0001071, M. Cvetic, H. Lu, C.N. Pope, (2000) [hep-th/0002054].

[179] C.S. Chan, P.L. Paul & H. Verlinde, *Nucl. Phys.* B **581**, (2000) 156 [hep-th/0003236].

[180] R. Bluhm, S.H. Fung, A. Kostelecky, *Phys. Rev.* D **77**, (2008) 065020 [arXiv :0712.4119], L. Alberte, *Int. J. Mod. Phys.* D **21**, (2012) 1250058 [1110.3818].

[181] B. Bajc & G. Gabadadze, *Phys. Lett.* B **474**, (2000) 282 [hep-th/9912232].

[182] S.B. Giddings, E. Katz & L. Randall, *J. High Ener. Phys.* **0003**, (2000) 023 [hep-th/0002091].

[183] D.J.H. Chung & K. Freese, *Phys. Rev.* D **62**, (2000) 103502 hep-ph/9910235.

[184] Binétury P., Deffayet C. & Langlois D., *Nucl. Phys.* B **565**, (2000) 269 [hep-th/9905012], *Phys. Lett.* B **477**, (2000) 285 [hep-th/9910219].

[185] E. Iancu, A. Leonidov, & L. McLerran, *Nucl. Phys.* A **692**, (2001) 583 [hep-ph/0011241], Ferreiro E., Iancu E., Leonidov A., & McLerran L., *Nucl. Phys.* A **703**, (2002) 489 [hep-ph/0109115].

[186] H. Davoudiasl, J.L. Hewett & T.G. Rizzo, *Phys. Lett.* B **473**, (2000) 43 [hep-ph/9911262], *Phys. Rev.* D **68**, (2003) 045002 [hep-ph/0212279], *J. High Ener. Phys.* **0308**, (2003) 034 [hep-ph/0305086].

[187] A.H. Mueller, *Nucl. Phys.* B **558**, (1999) 285 [hep-ph/9904404], [hep-ph/9911289].

[188] Jalalian-Marian J., *et al.*, *Phys. Rev.* D **55**, (1997) 5414 [hep-ph/9606337].

[189] Dvali G., Gabadadze G. & Porrati M., *Phys. Lett.* B **484**, (2000) 112 [hep-th/0002190], Dvali G., Gabadadze G. & Porrati M., *Phys. Lett.* B **484**, (2000) 129 [hep-th/0003054].

[190] K. A. Olive, E. D. Skillman, ApJ 617, 29O (2004).

[191] R. Lazkoz, R. Maartens, E. Majerotto, *Phys. Rev.* D **74**, (2006) 083510 [astro-ph/0605701], M. Maziashvili, (2006) [hep-ph/0607123], J.B.R. Battat, C.W. Stubbs, J.F. Chandler, *Phys. Rev.* D **78**, (2008) 022003 [arXiv :0805.4466].

[192] T. Padmanabhan, *Mod. Phys. Lett.* A **17**, (2002) 1147, [gr-qc/0311036], [arXiv :0911.5004], A. Caticha [gr-qc/0508108], L.A. Glinka, [arXiv :0803.1533], E.P. Verlinde [arXiv :1001.0785],

[193] S. Doplicher, K. Fredenhagen, & J.E. Roberts, *Commun. Math. Phys.* **172**, (1995) 187, [hep-th/0303037], Yang H.S., *Mod. Phys. Lett.* A **22**, (2007) 1119 [hep-th/0611174].

[194] A. Strominger A. & C. Vafa, *Phys. Lett.* B **379**, (1996) 99, Callan C.G. & Maldacena J.M., *Nucl. Phys.* B **472**, (1996) 591,

[195] R.M. Wald, *Phys. Rev.* D **48**, (1993) 3427.

[196] C.K. Zachos, D.B. Fairlie & T.L. Curtright, (Edit.) "Quantum Mechanics in Phase Space", World Scientific, (2005).

[197] M. Kamel & A. Zhao, *Graphic Models and Image Processing*, **55** (1993) 203.

[198] K. Freese & D. Spolyar, JCAP 0507 (2005) 007 [hep-ph/0412145], S.A. Kim, A.R. Liddle, & S. Tsujikawa, *Phys. Rev.* D **72**, (2005) 043506[astro-ph/0506076].

[199] T. Matsubara, *ApJ.* **591**, (2003) L79 [astro-ph/0303278].

[200] P. Brax & F. Bernardau, *J. Cosmol. Astrop. Phys.* **06**, (2011) 019 [arXiv :1102.1907].

[201] N. Seiberg (2006), [arXiv :hep-th/0601234].

[202] J. Bain, in "15th UK and European Meeting on the Foundations of Physics", Leeds, UK, 2007), S. Finazzi, *et al.*, *Phys. Rev. Lett.* **108**, (2012) 071101.

[203] D.N. Spergel, P.J. Steinhardt, *Phys. Rev. Lett.* **84**, (2000) 3760.

[204] A. Burkert, (2000) [arXiv :astro-ph/0012178].

[205] A. Pontzen, F. Governato, *MNRAS* **421**, (2012) 346,

[206] V.A. Koztov, A.G. Litvak, & E.V. Suvorov, *Sov.J. Phys. JETP* **49**, (1979) 75.

[207] D. Farina & Bulanov, *Phys. Rev. Lett.* **86**, (2001) 5289.

[208] K.M. Schure, A.R. Bell, L. O'C Drury & A.M. Bykov [arXiv :1203.1637].

[209] E. Esarey, C.B. Schroeder, & W.P. Leemans, *Rep. Mod. Phys.* **81**, (2009) 1229.

Chapitre 4

Publications de l'auteurs

4.1 Article dans des revues internationales à comité de lecture

Ouvrage scientifique

[HZ-B1] H. Ziaeepour, "Quest for Fats : Roles for a Fat Dark Matter (WIMPZILLA)", in "Progress in Dark Matter Research", (book) Ed. J. Val Blain, Nova Science Inc. New York (2005) p.125 (astro-ph/0406079).

[HZ-B2] H. Ziaeepour, M. Ziaeepour (H & M Rooshan), "Une lettre d'Iran" (livre) November (1993).

Articles dans des revues internationales à comité de lecture

[HZ-A1] H. Ziaeepour, "Quantum Mechanics in symmetry language", (submitted) [arXiv :1305.4349].

[HZ-A2] M.J. Page, C. et al., "The XMM-Newton serendipitous ultraviolet source survey catalogue", *MNRAS* **426**, (2012) 903 DOI (arXiv:1207.5182).

[HZ-A3] H. Ziaeepour, "Issues with vacuum energy as the origin of dark energy", *Mod. Phys. Lett.* A **27**, (2012) 1250154 DOI(arXiv:1205.3304).

[HZ-A4] H. Ziaeepour, "Discrimination between ΛCDM, quintessence, and $f(R)$ modified gravity models", *Phys. Rev.* D **86**, (2012) 043503 DOI (arXiv:1112.6025).

[HZ-A5] H. Ziaeepour, B. Gardner, "Broad band simulation of Gamma Ray Bursts (GRB) prompt emission in presence of an external magnetic field", *J. Cosmol. Astrop. Phys.* **12**, (2011) 001 DOI, (arXiv:1101.3909).

[HZ-A6] H. Ziaeepour, "Cosmological Condensation of scalar fields", *Phys. Rev.* D **81**, (2010) 103526, DOI (arXiv:1003.2996).

[HZ-A7] H. Ziaeepour, "And what if gravity is intrinsically quantic ?", *J. Phys.: Conf. Series* **174**, (2009) 012027, DOI (arXiv:0901.4634).

[HZ-A8] H. Ziaeepour, "Gamma-ray bursts cook book I : Formulation", *MNRAS* **397**, (2009) 361, DOI (arXiv:0812.3277).

[HZ-A9] H. Ziaeepour, "Gamma-ray bursts cook book II : Simulation", *MNRAS* **397**, (2009) 386, DOI (arXiv:0812.3279).

[HZ-A10] H. Ziaeepour, et al., "GRB 060607A : A GRB with Bright Asynchronous Early X-ray and Optical Afterglow", *MNRAS* **385**, (2008) 453 DOI, (arXiv:0712.3269).

[HZ-A11] X. Barcons, et al., "The XMM-Newton Serendipitous Survey V. : Optical identification of the XMM-Newton Medium sensitivity Survey (XMS)", *A.& A.* **476**, (2007) 1191, DOI (arXiv:0710.0402).

[HZ-A12] M.J. Page, et al., "The XMM-SSC survey of hard-spectrum XMM-Newton sources 1 : optically bright sources", *MNRAS* **378**, (2007) 1335, DOI (arXiv:0704.2971).

[HZ-A13] H. Ziaeepour, "Nonparametric determination of the redshift evolution index of Dark Energy", *Mod. Phys. Lett.* A **22**, (2007) 1569, DOI (astro-ph/0702519).

[HZ-A14] O. Godet, et al., "GRB 050822 : Detailed analysis of an XRF observed by Swift", *A.& A.* **471**, (2007) 385, DOI (astro-ph/0702262).

[HZ-A15] K. Page, et al., "GRB 061121 : Multi-wavelength observations revealing broad-band spectral evolution through the prompt and afterglow phases of a bright burst", *ApJ.* **663**, (2007) 1125, DOI (arXiv:0704.1609).

[HZ-A16] H. Ziaeepour, S. Rosen, "Statistical Algorithms for Identification of Astronomical X-Ray Sources", *Astro. Nachri.* **329**, (2008) 84 DOI, (astro-ph/0608530).

[HZ-A17] M. De Pasquale, et al., "Energy injection in GRB afterglows : The case of Swift GRBs 050401, 050801 and 050802", *Nuovo Cimento* B **121**, (2006) 1417 DOI.

[HZ-A18] M. De Pascuale, et al. "Swift and optical observations of GRB050401", *MNRAS* **365**, (2006) 1031, DOI (astro-ph/0510566).

[HZ-A19] H. Ziaeepour, "QCD Color Glass Condensate Model in Warped Brane Models", *Grav.Cosmol.Suppl.* **11**, (2005) 189, (hep-ph/0412314).

[HZ-A20] H. Ziaeepour, "Color Glass Condensate in Brane Models or Don't Ultra High Energy Cosmic Rays Probe $10^{15} eV$ Scale ?", *Mod. Phys.* A **20**, (2005) 419 DOI (hep-ph/0407046).

[HZ-A21] R. Starling, H. Ziaeepour, "Getting to grips with gravity", *Astro.& Geophy.* **44**, (2003) 6.27 http ://dx.doi.org/10.1046/j.1468-4004.2003.44627.xDOI.

[HZ-A22] H. Ziaeepour, "Quintessence From The Decay of a Super-heavy Dark Matter",*Phys. Rev.* D **69**, (2004) 063512 DOI (astro-ph/0308515).

[HZ-A23] H. Ziaeepour, S. Rosen, "Statistical Identification of XMM-Newton Sources Using XID Database", *Astro. Nachri.* **324**, (2003) 164 DOI (astro-ph/0211188).

[HZ-A24] H. Ziaeepour, "Searching the Footprint of WIMPZILLAs", *Astropart. Phys.* **16**, (2001) 101 DOI (astro-ph/0001137).

[HZ-A25] H. Ziaeepour, "Cosmic Equation of State, Quintessence and a Decaying Dark Matter" (astro-ph/0002400), Feb. (2000).

[HZ-A26] H. Ziaeepour, "A Decaying Ultra Heavy Dark Matter (WIMPZILLA) : Review of Recent Progress", *Grav.Cosmol.Suppl.* **6**, (1999) 1 (astro-ph/0005299).

[HZ-A27] I. Abt, et al.(H1 Collaboration), "The tracking, calorimeter and muon detectors of the H1 experiment at HERA", DOI *Nucl.Inst.&Methods in Phys.Res* A **386**, (1997) 348.

[HZ-A28] I. Abt, et al.(H1 Collaboration), "The H1 detector at HERA", *Nucl.Inst.&Methods in Phys.Res* A **386**, (1997) 310 DOI.

[HZ-A29] I. Abt, et al.(H1 Collaboration), "Inclusive charged particle cross sections in photoproduction at HERA", *Phys. Lett.* B **328**, (1994) 176 DOI.

[HZ-A30] I. Abt, et al.(H1 Collaboration), "Scaling violations of the proton structure function F2 at small x", *Phys. Lett.* B **321**, (1994) 161 DOI.

[HZ-A31] I. Abt, et al.(H1 Collaboration), "A Measurement of multi-jet rates in deep inelastic scattering at HERA", *Z. Phys.* **61**, (1994) 59 DOI.

[HZ-A32] H1 Collaboration : I. Abt, et al.(H1 Collaboration), "Measurement of the proton structure function F2(x, Q2) in the low-x region at HERA", *Nucl. Phys.* B **407**, (1993) 515 DOI.

[HZ-A33] I. Abt, et al.(H1 Collaboration), "Measurement of inclusive jet cross sections in photoproduction at HERA", *Phys. Lett.* B **314**, (1993) 436 DOI.

[HZ-A34] I. Abt, et al.(H1 Collaboration), "A search for leptoquarks, leptogluons and excited leptons in H1 at HERA", *Nucl. Phys.* B **396**, (1993) 3 DOI.

[HZ-A35] T. Ahmed, et al.(H1 Collaboration), "Observation of deep inelastic scattering at low x", *Phys. Lett.* B **299**, (1993) 385 DOI.

[HZ-A36] T. Ahmed, et al.(H1 Collaboration), "Total photoproduction cross section measurement at HERA energies", *Phys. Lett.* B **299**, (1993) 374 DOI.

[HZ-A37] T. Ahmed, et al.(H1 Collaboration), "Measurement of the hadronic final state in deep inelastic scattering at HERA", *Phys. Lett.* B **298**, (1993) 469 DOI.

[HZ-A38] T. Ahmed, et al.(H1 Collaboration), "Hard scattering in γ p interactions", Phys. Lett. B **297**, (1992) 205 DOI.

Note : En ce qui concerne ma contribution dans les articles sur H1-HERA voir ma thèse, la liste les actes de conférence et les notes internes.

4.2 Actes de conférences nationales et internationales

[HZ-C1] H. Ziaeepour, "Dark energy condensate and vacuum energy", in proceedings of "12th International Symposium on Frontier of Fundamental Physics", 21-23 Nov. 2011, Udine, Italy, (in print)(arXiv:1112.3934).

[HZ-C2] H. Ziaeepour, "Simulations of high energy emission from gamma-ray bursts", in proceedings of "12th International Symposium on Frontier of Fundamental Physics", (invited talk), 21-23 Nov. 2011, Udine, Italy, (in print)(arXiv:1112.3933).

[HZ-C3] H. Ziaeepour, "A note about the back-reaction of inhomogeneities on the expansion of the Universe", (arXiv:0906.4278). (Submitted only to arXiv.org)

[HZ-C4] M. Still, et al."The XMM-Newton Serendipitous Ultraviolet Source Survey", in Proceedings of the "EURO-VO Workshop : Multi-wavelength Astronomy and Virtual Observatory", ESA, Villafranca del Castillo, Spain, 1-3 December, 2008, Eds. : D. Baines and P. Osuna, Published by the European Space Agency., p.129 (2009)

[HZ-C5] M. Still, et al."XMM-OM Serendipitous UV Source Survey", in Proceedings of the Symposium "The X-ray Universe 2008", Granada, Spain, 27-30 May, 2008; Published online at , p.122", (2008).

[HZ-C6] H. Ziaeepour, "Distinguishing between $w < -1$ Dark Energy Models", AIP Conf. Proc. 957 (2007) 453 DOI (arXiv:0709.0115).

[HZ-C7] H. Ziaeepour, "Nonparametric determination of the sign of w+1 in the equation of state of Dark Energy", (astro-ph/0610750), Oct. (2006).

[HZ-C8] H. Ziaeepour, "Condensation of a Classical Scalar Field After Inflation and Dark Energy", (hep-ph/0603125).

[HZ-C9] H. Ziaeepour, "Dark energy and formation of classical scalar fields", in "Albert Einstein Century International Conference", Paris 2005, AIP Conference Proceedings 861 (2006), 1059 DOI (hep-ph/0604014).

[HZ-C10] H. Ziaeepour, "Solving Two Puzzles in One Go : Quintessence from a Decaying Dark Matter", in the "Proceedings of the 10th Marcel Grossmann Conference", *World Scientific (2005) 1773* (astro-ph/0312606).

[HZ-C11] M. Gunn, H. Ziaeepour, F. Merizzi & Ch. Naffah, "Anoxia : Treatment by Oxygen Deprivation ; Optimizing museum objects treatment time", in Proceedings of NOOX conference, London, Nov. 2003 (physics/0611199).

[HZ-C12] H. Ziaeepour, "Cosmological test of brane models", p.497, Proceedings of "Astronomy, Cosmology and Fundamental Physics", ESO, CERN, ESA symposium, 4-7 March (2002), Garching, Germany.

[HZ-C13] S. Rosen, H. Ziaeepour, "The SSC XID Database", To appear in the proceedings of "New Visions of the X-ray Universe in the XMM-Newton and Chandra era", 26-30 November 2001, ESTEC, Noordwijk, The Netherlands (astro-ph/0203228).

[HZ-C14] H. Ziaeepour, "Testing Brane World Models with Ultra High Energy Cosmic Rays" (hep-ph/0203165), Feb. (2002).

[HZ-C15] R. Della Ceca, *et al.*, "The XMM-Newton Bright Serendipitous Source Sample (XMM-Newton BSS)", Proc., "New Visions of the X-ray Universe in the XMM-Newton and Chandra Era", 26-30 November 2001, ESTEC, The Netherlands (astro-ph/0202150).

[HZ-C16] H. Ziaeepour, "Two-Brane Models and BBN" (hep-ph/0010180), Oct. (2000)[submitted only to arXiv.org].

[HZ-C17] H. Ziaeepour, "Initial Data Set For Cosmology : Application to Matching Condition" (astro-ph/9903033), March (1999).

[HZ-C18] H. Ziaeepour, "Ultra Heavy Dark Matter", Proceedings of "Cosmion 99", August (1999), St. Petersburg, Astro.& Astrophys. Transaction, vol. 20.

[HZ-C19] F. Bonnarel *et al.*, "A Reference Tool for Identification of Astronomical Sources", *ASP Conf.Ser.* **172**, (1999) 229.

[HZ-C20] M.A. Albrecht, *et al.* "VLT Science Archive System", *Proc. SPIE* **3349**, (1998) 241.

[HZ-C21] M. A. Albrecht, *et al.*, "The VLT Science Archive System", *ASP Conf.Ser.* **145**, (1998) 363.

[HZ-C22] H. Ziaeepour "Can dark matter be ultraheavy particles ?", in Proceedings of "2nd International Workshop on the Identification of Dark Matter", Buxton, UK, 7-11 Sep. (1998), Eds. Spooner N. & Kudryavtsev V., World Scientific, p106 (astro-ph/9811312).

[HZ-C23] H. Ziaeepour, "High Energy Cosmic Rays and Baryonic Fraction of the Universe", Proceeding of the 12th Potsdam Cosmology workshop, "Large-Scale Structures : Tracks and Traces", Eds. Müller V., *et al.*World Scientific (1998), p57.

[HZ-C24] M. Albrecht, A. Wicenec, H. Ziaeepour, "Summary of ESO Data Mining in Astronomy Workshop", ESO, Garching, 14 Nov. (1997), ESO Electronic Publication.

[HZ-C25] J.G. Bartlett, et al., "The ALADIN Project : A Tool for Multiwavelength Cross-Identifications", in Proceedings of "Data Analysis in Astronomy", Erice, Italy. 27 Oct-3 Nov, 1996, World Scientific Press, (1997), p.385.

[HZ-C26] H. Ziaeepour, "Initial Data Set for Cosmology", in Proceedings of "Non-Sleeping Universe", Porto, 26-29 Nov. Eds. Lago M. & Blanchard A., Kluwer Academic Pub., (1997), p229.

[HZ-C27] F. Bonnarel, et al., "The ALADIN Interactive Sky Atlas", in Proceedings of "New Horizons from Multi-Wavelength Sky Surveys", Proceedings the 179th IAS Symposium, Baltimore, USA August 26-30, (1996), Kluwer Academic Publishers, p. 469.

[HZ-C28] H. Ziaeepour, "Decaying Dark Matter and Evolution of Fluctuations", Proceedings of "From Quantum Fluctuations to Cosmological Structures", Casablanca, Maroc, 1-10 Dec. 1996, Ed. Valls-Gabaud D., et al., *ASP Conf.Ser.* **126**, (1997) 575.

[HZ-C29] Ingelman et al., "Summary of HERA working group No.1 : QCD and simulation", Proceeding of HERA Physics Workshop, (1988), Ed. R. D. Peccie.

[HZ-C30] H.Ziaeepour, A. Courau, V. Journée, "Beam hole effect on the reconstruction of kinematic variables in H1 detector", Proceeding of HERA Physics Workshop, (1988), Ed. R. D. Peccie.

4.3 Repports et notes internes

Thèses et mémoires

[HZ-R1] H. Ziaeepour, "Etude des possibilités d'extraction des fonctions de structure auprès du dispositif H1", (Extraction of structure functions with H1 detector), (PhD. Thesis) LAL, Orsay, (1989).

[HZ-R2] H. Ziaeepour, "Digital Signal Processing : Digital filters", Dissertation for obtaining BS degree (in Persian), Tehran Polytechnic, (1980).

Rapports référencables

[HZ-R3] G. Hill, et al., "Calibration of HETDEX", on-line publication, http://hoku.as.utexas.edu/~gebhardt/hetdex/HETDEX_Calibration_v1.pdf, (April 2010).

[HZ-R4] X. Barcons, et al., "The XMM-Newton serendipitous survey", VizieR On-line Data Catalog :
J/A+A/476/1191 (2007).

4.3. Repports et notes internes

[HZ-R5] H. Ziaeepour, *et al.*, "Swift observation of GRB 090407", GCNR 210, (2009).

[HZ-R6] H. Ziaeepour, *et al.*, "Swift observation of GRB 090404", GCNR 209, (2009).

[HZ-R7] H. Ziaeepour, *et al.*, "Swift Observation of GRB 090129", GCNR 195, (2009).

[HZ-R8] H. Ziaeepour, *et al.*, "Further Revised Swift Observation of GRB 080916A", GCNR 167-3, (2008).

[HZ-R9] H. Ziaeepour, *et al.*, "Revised Swift Observation of GRB 080916A", GCNR 167-2, (2008).

[HZ-R10] H. Ziaeepour, *et al.*, "Swift Observation of GRB 080916a", GCNR 167-1, (2008).

[HZ-R11] P. Schady, *et al.*, "Swift Observation of 080913B", GCNR 165, (2008).

[HZ-R12] H. Ziaeepour, *et al.*, "Swift Observation of GRB 080915B", GCNR 163 (2008).

[HZ-R13] H. Ziaeepour, *et al.*, "Swift Observation of GRB 080703", GCNR 149 (2008).

[HZ-R14] H. Ziaeepour, *et al.*, "Swift Observation of GRB 080426", GCNR 130 (2008).

[HZ-R15] H. Ziaeepour, *et al.*, "Final Swift observations of GRB 080218A", GCNR 116 (2008).

[HZ-R16] H. Ziaeepour, *et al.*, "Final Swift observations of GRB 080212", GCNR 115 (2008).

[HZ-R17] H. Ziaeepour, *et al.*, "Final Swift observations of GRB 070724A", GCNR 74 (2007).

[HZ-R18] H. Ziaeepour, *et al.*, "Final Swift observations of GRB 070721B", GCNR 73 (2007).

[HZ-R19] H. Ziaeepour, *et al.*, "Final Swift observations of GRB 070721A", GCNR 72 (2007).

[HZ-R20] H. Ziaeepour, *et al.*, "Final report on Swift observations of GRB 061217", GCNR 21 (2006).

[HZ-R21] H. Ziaeepour, *et al.*, "Swift observations of GRB 061217", GCNR 21 (2006).

[HZ-R22] H. Ziaeepour, *et al.*, "Updated Swift observations of GRB 061004", GCNR 4-2 (2006).

[HZ-R23] H. Ziaeepour, *et al.*, "Swift observations of GRB 061004", GCNR 4-1 (2006).

Les rapports [HZ-R5] à [HZ-R23] peuvent être accéder à :
http://gcn.gsfc.nasa.gov/report_archive.html

[HZ-R24] D.C. Morris, *et al.*, "GRB 090709 : Swift detection of a bright burst", GCN 9625 (2009).

[HZ-R25] P.A. Curran, et al., "GRB 090621B : Swift detection of a short hard burst", GCN 9545 (2009).

[HZ-R26] P.A. Curran, et al., "GRB 090621 : Swift detection of a burst", GCN 9540 (2009).

[HZ-R27] F.E. Marshall, et al., "GRB 090607 : Swift detection of a burst", GCN 9491 (2009).

[HZ-R28] V. Mangano, V., et al., "GRB 090418 : Swift detection of a burst with optical afterglow", GCN 9149 (2009).

[HZ-R29] V. Mangano, V., et al., "GRB 090417 : Swift detection of a short burst", GCN 9133 (2009).

[HZ-R30] A.P. Beardmore, H. Ziaeepour, "GRB 090407 : Swift-XRT refined analysis", GCN..9107 (2009).

[HZ-R31] S.R. Oates, H. Ziaeepour, "GRB 090407 : Swift UVOT upper limits", GCN 9106 (2009).

[HZ-R32] T.N. Ukwatta, et al., "GRB 090407 : Swift-BAT refined analysis", GCN 9104 (2009).

[HZ-R33] H. Ziaeepour, et al., "GRB 090407 : Swift detection of a burst", GCN 9101 (2009).

[HZ-R34] S.R. Oates, H. Ziaeepour, "Swift/UVOT observations of GRB090404", GCN 9094 (2009).

[HZ-R35] K.L. Page, H. Ziaeepour, "GRB 090404 : Swift-XRT team refined analysis", GCN 9091 (2009).

[HZ-R36] J. Tueller, "GRB 090404 : Swift-BAT refined analysis", GCN 9089 (2009).

[HZ-R37] H. Ziaeepour, et al., "GRB 090404 : Swift detection of a burst", GCN 9086 (2009).

[HZ-R38] P. Schady, et al., "GRB 090401B : Swift detection of a burst", GCN 9066 (2009).

[HZ-R39] J. Mao, et al., "GRB 090313 : Swift detection of a burst", GCN 8981 (2009).

[HZ-R40] J. Mao, et al., "GRB 090313 : Swift detection of a burst", GCN 8980 (2009).

[HZ-R41] S.R. Oates, et al., "GRB 090201 : Swift detection of a burst", GCN 8865 (2009).

[HZ-R42] S.D. Barthelmy, et al., "GRB 090129 : Swift-BAT refined analysis", GCN 8862 (2009).

[HZ-R43] H. Ziaeepour, et al., "GRB 090129 : Swift detection of a burst", GCN 8861 (2009).

[HZ-R44] H.A. Krimm, et al., "GRB 090113 : Swift detection of a burst", GCN 8804 (2009).

[HZ-R45] H.A. Krimm, et al., "GRB 081211 : Swift detection of a burst", GCN 8653 (2008).

[HZ-R46] R. Margutti, et al., "GRB 081126 : Swift detection of a burst", GCN 8554 (2008).

[HZ-R47] S.R. Oates, et al., "GRB 081121 : Swift detection of a burst", GCN 8537 (2008).

[HZ-R48] A.M. Parsons, et al., "GRB 081104 : Swift detection of a burst", GCN 8473 (2008).

[HZ-R49] T.N. Ukwatta, et al., "GRB 081102 : Swift detection of a burst", GCN 8462 (2008).

[HZ-R50] G. Stratta, G., et al., "GRB 081022 : Swift detection of a burst", GCN 8395 (2008).

[HZ-R51] L., Vetere, et al., "Swift-BAT triggered on the flare star Algol", GCN 8371 (2008).

[HZ-R52] M.C. Stroh, et al., "GRB 081012 : Swift detection of a burst", GCN 8361 (2008).

[HZ-R53] S.R. Oates, H. Ziaeepour, "GRB080916A : refined Swift/UVOT observations", GCN 8249 (2008).

[HZ-R54] R.L.C. Starling, H. Ziaeepour, "GRB 080916A : Swift XRT refined analysis", GCN 8244 (2008).

[HZ-R55] W. Baumgartner, et al., "GRB 080916A, Swift-BAT refined analysis", GCN 8243 (2008).

[HZ-R56] H. Ziaeepour, et al., "GRB 080916 : Swift detection of a burst with optical afterglow", GCN 8237 (2008).

[HZ-R57] K. McLean, et al., "GRB 080915B, Swift-BAT refined analysis", GCN 8236 (2008).

[HZ-R58] H. Ziaeepour, et al., "GRB 080915B : Swift detection of a burst", GCN 8234 (2008).

[HZ-R59] C. Pagani, et al., "GRB 080805 : Swift detection of a burst", GCN 8059 (2008).

[HZ-R60] F.E. Marshall, et al., "GRB 080721 : Swift detection of a burst with a bright optical counterpart", GCN 7988 (2008).

[HZ-R61] S.D. Barthelmy, et al., "Trigger 317205 : Swift detection of an outburst from XTE J1701-407", GCN 7985 (2008).

[HZ-R62] P. Schady, et al., "GRB 080707 : Swift detection of a burst", GCN 7947 (2008).

[HZ-R63] P. Ward, H. Ziaeepour, "GRB 080703 : UVOT follow-up observation", GCN 7941 (2008).

[HZ-R64] T. Sakamoto, et al., "GRB 080703, Swift-BAT refined analysis", GCN 7938 (2008).

[HZ-R65] H. Ziaeepour, et al., "GRB 080703 : Swift detection of a burst with optical afterglow", GCN 7936 (2008).

[HZ-R66] C. Pagani, et al., "Trigger 315630 : Swift detection of a possible burst", GCN 7912 (2008).

[HZ-R67] M.C. Stroh, et al., "GRB 080701 : Swift detection of a burst", GCN 7910 (2008).

[HZ-R68] S. Immler, et al., "Swift-BAT trigger 314975 possible burst", GCN 7892 (2008).

[HZ-R69] C.B. Markwardt, et al., "GRB 080613B : Swift detection of a burst", GCN 7873 (2008).

[HZ-R70] V. La Parola, et al., "GRB 080604 : Swift detection of a burst with an optical afterglow", GCN 7800 (2008).

[HZ-R71] V. Mangano, et al., "GRB 080603B : Swift detection of a burst with optical afterglow", GCN 7794 (2008).

[HZ-R72] H.A. Krimm, et al., "Swift detection of a possible galactic transient", GCN 7713 (2008).

[HZ-R73] W.H., Baumgartner, "GRB 080506 : Swift detection of a burst with optical afterglow", GCN 7685 (2008).

[HZ-R74] C. Guidorzi, "GRB 080430 : Swift detection of a burst with optical afterglow", GCN 7647 (2008).

[HZ-R75] A.P. Beardmore, H. Ziaeepour, "GRB 080426 : Swift-XRT refined analysis", GCN 7643 (2008).

[HZ-R76] S.R. Oates, H. Ziaeepour, "GRB080426 : Swift/UVOT upper limits", GCN 7642 (2008).

[HZ-R77] J. Cummings, et al., "GRB 080426, Swift-BAT refined analysis", GCN 7640 (2008).

[HZ-R78] H. Ziaeepour, et al., "GRB 080426 : Swift detection of a possibly short burst", GCN 7639 (2008).

[HZ-R79] M. Perri, "GRB 080328 : Swift detection of a burst with an optical counterpart", GCN 7525 (2008).

[HZ-R80] T. Sakamoto, et al., "GRB 080303 : Swift detection of a burst with optical afterglow", GCN 7351 (2008).

[HZ-R81] E. Fenimore, et al., "GRB 080218A, Swift-BAT refined analysis", GCN 7317 (2008).

[HZ-R82] H. Ziaeepour, et al., "GRB 080218 : Swift detection of a burst", GCN 7313 (2008).

4.3. Rapports et notes internes

[HZ-R83] A.P. Beardmore, K.L. Page, K. L. ; H. Ziaeepour, M. De Pasquale, "Swift-XRT and UVOT observations of the IPN burst GRB 080211", GCN 7312 (2008).

[HZ-R84] M. De Pasquale, H. Ziaeepour, "Swift/UVOT refined analysis of GRB080212", GCN 7307 (2008).

[HZ-R85] K. McLean, et al., "GRB 080212, Swift-BAT refined analysis", GCN 7306 (2008).

[HZ-R86] K.L. Page, D. Perez, D., H. Ziaeepour, "GRB 080212 : Swift-XRT team refined analysis", GCN 7299 (2008).

[HZ-R87] H. Ziaeepour, et al., "GRB 080212 : Swift detection of a burst", GCN 7296 (2008).

[HZ-R88] F.E. Marshall, et al., "GRB 071013 : Swift detection of a burst", GCN 6907 (2007).

[HZ-R89] A.M Parsons, et al., "GRB 070805 : Swift detection of a burst", GCN 6708 (2007).

[HZ-R90] A.M. Parsons, et al., "Swift detection of a outburst from SAX J1810.8-2609", GCN 6706 (2007).

[HZ-R91] F.E. Marshall, P. Schady, H. Ziaeepour, "GRB070721A : Swift/UVOT detection of a weak afterglow", GCN 6676 (2007).

[HZ-R92] M. De Pasquale, H. Ziaeepour, "Swift/UVOT refined analysis of GRB070724", GCN 6660 (2007).

[HZ-R93] K.L. Page, H. Ziaeepour, "GRB 070724 : Swift-XRT team refined analysis", GCN 6659 (2007).

[HZ-R94] A. Parsons, et al., "GRB 070724, Swift-BAT refined analysis of a short burst", GCN 6656 (2007).

[HZ-R95] H. Ziaeepour, et al., "GRB 070724 : Swift detection of a burst", GCN 6654 (2007).

[HZ-R96] M. De Pasquale, H. Ziaeepour, "Swift/UVOT observations of GRB070721B optical afterglow", GCN 6650 (2007)

[HZ-R97] S.D. Barthelmy, et al., "GRB 070721B, further Swift-BAT refined analysis", GCN 6649 (2007).

[HZ-R98] P. Schady, H. Ziaeepour, "Swift/UVOT observations of GRB070721A", GCN 6648 (2007).

[HZ-R99] A.P. Beardmore, K.L. Page, P.A. Evans, H. Ziaeepour, "GRB 070721B : Swift-XRT refined analysis", GCN 6646 (2007).

[HZ-R100] P.A. Evans, H. Ziaeepour, "GRB 070721A : Swift/XRT refined analysis", GCN 6644 (2007). (2006).

[HZ-R101] D. Palmer, et al., "GRB 070721B, Swift-BAT refined analysis", GCN 6643 (2007).

[HZ-R102] T. Sakamoto, et al., "GRB 070721A, Swift-BAT refined analysis", GCN 6642 (2007).

[HZ-R103] H. Ziaeepour, et al., "GRB 070721B : Swift detection of a burst", GCN 6640 (2007).

[HZ-R104] H. Ziaeepour, et al., "GRB 070721 : Swift detection of a possible burst", GCN 6639 (2007).

[HZ-R105] S.T. Holland, et al., "GRB 070529 : Swift detection of a burst with an optical aterglow", GCN 6466 (2007).

[HZ-R106] S.D. Barthelmy, et al. "Swift triggers 280477, 280450 and 280451 are invalid", GCN 6464 (2007).

[HZ-R107] F.E. Marshall, et al., "Swift trigger 280447 is probably a galactic transient", GCN 6463 (2007).

[HZ-R108] S.D. Vergani, et al., "GRB 070517 : Swift detection of a burst", GCN 6411 (2007).

[HZ-R109] G. Sato, et al., "GRB 070427 : Swift detection of a burst", GCN 6352 (2007).

[HZ-R110] A.M. Parsons, et al., "GRB 070419B : Swift detection of a burst", GCN 6305 (2007).

[HZ-R111] M. Stamatikos, et al., "GRB 070419 : Swift detection of a burst", GCN 6302 (2007).

[HZ-R112] C. Guidorzi, et al., "Trigger 276045 : Swift detection of a possible burst", GCN 6299 (2007).

[HZ-R113] A. Moretti, et al., "GRB 070411 : Swift detection of a burst with optical afterglow", GCN 6267 (2007).

[HZ-R114] S.B. Pandey, et al., "GRB 070306 : Swift detection of a burst", GCN 6169 (2007).

[HZ-R115] G. Sato, et al., "GRB 070208 : Swift detection of a burst", GCN 6074 (2007).

[HZ-R116] T. Sakamoto, et al., "GRB 070103 : Swift detection of a burst", GCN 5988 (2007).

[HZ-R117] S.R. Oates, A.J. Blustin, H. Ziaeepour, "GCN 060607 : Swift-UVOT obswervations", GCN 5243 (2006).

[HZ-R118] H. Ziaeepour, et al., "GRB 060607 : Swift detection of a burst with bright optical counterpart", GCN 5233 (2006).

[HZ-R119] H. Ziaeepour, et al., "GRB 061217, candidate host galaxy", GCN 5948 (2006).

[HZ-R120] M. De Pasquale, H. Ziaeepour, M. Chester, M.J. Page, "GRB061217 : Swift/UVOT refined analysis", GCN 5934 (2006).

[HZ-R121] P.A. Evans, et al., "GRB061217 - Swift/XRT refined analysis", GCN 5932 (2006).

[HZ-R122] S.D. Barthelmy, J. Norris, H. Ziaeepour, "GRB 061217, further Swift-BAT refined analysis of the short hard burst", GCN 5931 (2006).

[HZ-R123] A. Parsons, et al., "GRB 061217, Swift-BAT refined analysis", GCN 5930 (2006).

[HZ-R124] S. McBreen, et al., "Swift-BAT trigger 239987 is not a GRB", GCN 5835 (2006).

[HZ-R125] K.L. Page, et al., "GRB 061121 : Swift detection of a bright burst with an optical counterpart", GCN 5823 (2006).

[HZ-R126] P. Jakobsson, et al., "GRB 061004 : further VLT/NTT observations", GCN 5782 (2006).

[HZ-R127] J.L. Racusin, D.N. Burrows, K.L. Page, H. Ziaeepour, N. Gehrels, "GRB 061004 : Swift/XRT astrometry correction", GCN 5774 (2006).

[HZ-R128] A. Moretti, et al., "GRB 061021 : Swift detection of a burst", GCN 5743 (2006).

[HZ-R129] P. Schady, et al., "GRB 061007 : Swift detection of a burst with an optical counterpart", GCN 5707 (2006).

[HZ-R130] P. Schady, et al., "GRB 061006 : Swift detection of a burst", GCN 5699 (2006).

[HZ-R131] S.R. Oates, H. Ziaeepour, "GRB061004 : Swift/UVOT optical observations", GCN 5696 (2006).

[HZ-R132] K.L. Page, A.P. Beardmore, H. Ziaeepour, "GRB 061004 : Swift-XRT team refined analysis", GCN 5695 (2006).

[HZ-R133]

[HZ-R134] H. Ziaeepour, et al., "GRB 061004 : Swift detection of a burst", GCN 5691 (2006).

[HZ-R135] H. Ziaeepour, et al., "IGR J08408-4503 (= v* LM vel) : Swift detection of a transient", GCN 5687 (2006).

[HZ-R136] S.T. Holland, et al., "GRB 060926 : Swift detection of a burst", GCN 5612 (2006).

[HZ-R137] M. Stamatikos, et al., "GRB 060923C : Swift detection of a burst", GCN 5591 (2006).

[HZ-R138] M. Stamatikos, et al., "GRB 060923B : Swift detection of a burst", GCN 5590 (2006).

[HZ-R139] C.P. Hurkett, et al., "GRB 060912 : Swift detection of a burst with an optical afterglow", GCN 5558 (2006).

[HZ-R140] P.A. Evans, et al., "GRB 060908 : Swift detection of a burst with a bright optical counterpart", GCN 5544 (2006).

[HZ-R141] J.L. Racusin, et al., "GRB 060906 : Swift detection of a probable burst", GCN 5528 (2006).

[HZ-R142] M. Stamatikos, et al., "GRB 060826(?) : Swift detection of a possible burst", GCN 5480 (2006).

[HZ-R143] K.L. Page, O. Godet, H. Ziaeepour, "GRB 060805 : XRT team refined analysis", GCN 5404 (2006).

[HZ-R144] S.B. Pandey, M.J. Page, H. Ziaeepour, S.R. Oates, "GRB 060805 : Swift/UVOT upper limits", GCN 5402 (2006).

[HZ-R145] H. Ziaeepour, et al., "GRB 060805 : Swift detection of a burst", GCN 5398 (2006).

[HZ-R146] S.B. Pandey, M. De Pasquale, M.J. Page, H. Ziaeepour, "GRB 060804 : Swift UVOT observations", GCN 5397 (2006).

[HZ-R147] K.L. Page, H. Ziaeepour, "GRB 060804 : Swift-XRT team refined analysis", GCN 5396 (2006).

[HZ-R148] J. Tueller, et al., "GRB 060804 : refined analysis of the Swift-BAT burst", GCN 5395 (2006).

[HZ-R149] H. Ziaeepour, et al., "GRB 060804 : Swift detection of a burst with a possible UVOT counterpart", GCN 5394 (2006).

[HZ-R150] A.P. Beardmore, K.L. Page, J.A. Kennea, D.N. Burrows, H. Ziaeepour, "GRB060319 : Swift XRT refined analysis.2006GCN..4895

[HZ-R151] A.J. Blustin, H. Ziaeepour, F.E. Marshall, "GRB060319 : Swift/UVOT upper limits", GCN 4894 (2006).

[HZ-R152] H. Ziaeepour, et al., "GRB 060319 : Swift detection of a burst", GCN 4885 (2006).

[HZ-R153] J.R. Cummings, et al., "GRB 060223B : Swift detection of a bright burst", GCN 4821 (2006).

[HZ-R154] K. Yanagisawa, Y. Yatsu, N. Kawai, H. Ziaeepour, "GRB 060105 : Mitsume optical observations", GCN 4436 (2006).

[HZ-R155] O. Godet, et al., "GRB 060105 : XRT refined analysis", GCN 4433 (2006).

[HZ-R156] H. Ziaeepour, et al., "GRB060105 : Swift detection of a bright long burst", GCN 4429 (2006).

[HZ-R157] M.J. Page, H. Ziaeepour, A.J. Blustin, M. Chester, R. Fink, N. Gehrels, "GRB050822 : Swift/UVOT upper limits", GCN 3859 (2005).

[HZ-R158] A.J. Blustin, et al., "GRB050223 : no XMM-newton OM detection of afterglow emission", GCN 3093 (2005).

Les rapports [HZ-R24] à [HZ-R158] peuvent être accéder à :
http://gcn.gsfc.nasa.gov/gcn/

Autres

[HZ-R159] H. Ziaeepour, "Quantum Gravity - or Maybe Gravity is Inherently Quantic !", invited article for The Open Journal of Astronomy (not submitted), (April 2009).

[HZ-R160] H. Ziaeepour, S. Rosen and the XMM-Newton SSC-XID collaboration, "Statistical Methods for classification of the XMM-Newton X-Ray Sources" (2005, unpublished).

[HZ-R161] H. Ziaeepour, "Utilisation du rayon cosmique pour la topographie des volcans", report for Institut de Physique du Globe, Université Paris VII, Paris, March (1994).

[HZ-R162] H. Ziaeepour, "Extraction of gluon structure function", Internal report, HERA Working Group, (1988).

[HZ-R163] H. Ziaeepour, "The effect of heavy quark on the extraction of gluon structure function", Internal report, HERA Working Group, (1987).

4.4 Communication orales

Dans des conférences internationales

[HZ-O1] Contribution : H. Ziaeepour, "Dark energy as a quantum condensate and vacuum", in "The biggest accelerators in space and on earth", eCost, 18-22 March 2013, CERN, Geneva, Switzerland.

[HZ-O2] Contribution : H. Ziaeepour, "High energy emission from gamma-ray bursts and other astronomical sources", in "The biggest accelerators in space and on earth", eCost, 18-22 March 2013, CERN, Geneva, Switzerland.

[HZ-O3] Invitée : H. Ziaeepour, "Dark energy as the condensate of a scalar", in "Non-Equilibrium Field Theory in Cosmology", 20-21 Sep. 2012, Imperial College London, UK.

[HZ-O4] Contribution : H. Ziaeepour, "Dark energy parametrization", in "Euclid mission Theory Work Group meeting during Euclid Consortium meeting", 14-18 May 2012, Copenhagen, Denmark.

[HZ-O5] Invitée : H. Ziaeepour, B. Gardner "Simulations of high energy emission from gamma-ray bursts" in "12th International Symposium on Frontier of Fundamental Physics", 21-23 Nov. 2011, Udine, Italy.

[HZ-O6] Contribution : H. Ziaeepour, "Dark energy condensate and vacuum energy" in "12th International Symposium on Frontier of Fundamental Physics", 21-23 Nov. 2011, Udine, Italy.

[HZ-O7] Contribution : H. Ziaeepour, "Discriminating between quintessence and modified gravity", in "HETDEX science meeting", May 2011, Pennsylvania University, University park, PA, USA.

[HZ-O8] Contribution : H. Ziaeepour, "Equation of State of Dark Energy", in "HETDEX science meeting", Oct. 2010, Texas University, Austin, TX, USA.

[HZ-O9] Contribution : H. Ziaeepour, "Coherent states at cosmological distances", in "Quantum Coherenceand Decoherence" Workshop, Sep. 2010, Benasque, Spain.

[HZ-O10] Contribution : "Statistical Algorithms for Identification of Astronomical X-Ray Sources", in "Joint European-National Astronomy Meeting (JENAM09)", 20 − 23rd Apri, 2009, Hertfordshire, UK.

[HZ-O11] Contribution : H. Ziaeepour, M. Still, "Correlation of XMM-OM Catalogue with 2XMM andsome optical/IR catalogues", in "XMM-Newton Science Consortium meeting", Oct. 2008, ESAC, Vilspa, Madrid, Spain.

[HZ-O12] Contribution : H. Ziaeepour, "And what if gravity is intrinsically quantic ?", in "DICE2008", Sep. 22-26 2008, Castiglioncello, Tuscany, Italy.

[HZ-O13] Contribution : H. Ziaeepour, "Analytical approximate solution of relativistic shock models applied to the Swift gamma-ray bursts", National Astronomy Meeting (NAM08) conference, April 2008, Belfast, UK.

[HZ-O14] Contribution : H. Ziaeepour, "Distinguishing between w ¡ -1 dark energy models", in "Particle Astronomy, String and Cosmology (PASCOS07)", July 2007, Imperial College London, UK.

[HZ-O15] Contribution : H. Ziaeepour, "Low scale gravity and QCD at high energies", in "Brane-World Gravity, Progress and Problems", Sep. 2006, Portsmouth, UK.

[HZ-O16] Contribution : H. Ziaeepour, "Decoherence/Condensation After Inflation", in "Einstein 2005", July 2005, Paris, France.

[HZ-O17] Contribution : H. Ziaeepour and S. Rosen, "The XID Database", in "XMM-Newton Science Consortium meeting", Oct. 2004, Brera Observatory, University of Milan, Milan, Italy.

[HZ-O18] Invitée : H. Ziaeepour, "Color Glass Condensate in Warped Brane Models", in "Cosmion04", Sep. 2004, Moscow, Russia and Observatoire Paris-Meudon, Meudon, France.

[HZ-O19] Contribution : H. Ziaeepour and S. Rosen, "Statistical Identification of XMM Sources : Review of Methods and Application to Data", in "XMM-Newton Science Consortium meeting", March 2004, Institute Of Astrophysics (IOA), University of Cambridge, Cambridge, UK.

[HZ-O20] Contribution : H. Ziaeepour, "Quintessence From a Decaying Dark Matter", in "10th Marcel Grossmann Meeting", 20-26 July 2003, Rio de Janeiro, Brasil.

[HZ-O21] Invitée : H. Ziaeepour, "Ultra Heavy Dark Matter", in "Cosmion99", Oct. 1999, Moscow, Russia.

[HZ-O22] Contribution : H. Ziaeepour, "Dark matter and ultra high energy cosmic rays", Goerge Gomow International Conference (GMIC99), August 1999, St. Petersburg, Russia.

[HZ-O23] Contribution : H. Ziaeepour, "Can dark matter be ultraheavy particles ?", in "2nd International Workshop on the Identification of Dark Matter", 7-11 Sep. 1998, Buxton, UK.

[HZ-O24] Contribution : H. Ziaeepour, "Decaying Dark Matter and Evolution of Fluctuations", in "From Quantum Fluctuations to Cosmological Structures", 1-10 Dec. 1996, Casablanca, Maroc.

Dans des ateliers nationaux et séminaires de laboratoire

Les présentations orales dans les conférences et les ateliers nationaux des pays où je travaillais au moment de ces événements sont inclus dans cette section.

[HZ-O25] Séminaire externe : H. Ziaeepour, "Vacuum and dark energy", 30 Oct. 2012, Institute for Theoretical Physics (THP), University of Cologne (Kln), Germany.

[HZ-O26] Séminaire externe : H. Ziaeepour, "Vacuum or not Vacuum, this is the question", 22 May 2012, Dep. of Mathematical Science, University of Liverpool, Liverpool, UK.

[HZ-O27] Séminaire interne : H. Ziaeepour, "Descrimination between dark energy models", Feb. 2012, OPINAS, Max Planck Institute für Extraterrestrische Physik (MPE), Garching, Germany.

[HZ-O28] Séminaire interne : H. Ziaeepour, B. Gardner, "High energy emission from gamma-ray bursts and other astronomical sources", Feb. 2012, Max Planck Institute für Extraterrestrische Physik (MPE), Garching, Germany.

[HZ-O29] Séminaire externe : H. Ziaeepour, "Coherent states at cosmological distances : Making a dark energy", 5 May 2011, Institute of Theoretical Physics (ITP), University of Heidelberg, Heidelberg, Germany.

[HZ-O30] Atelier interne : M. Cornell, N. Drory, M. Fabricius, G. Hill, M. Landrieu, H. Lee, H. Ziaeepour, "Calibration of Guide Probes", April 2011, Tagungsstätte Schloss Ringberg, Ringberg, Germany.

[HZ-O31] Atelier interne : H. Ziaeepour, "Equation of State of Dark Energy", April 2011, Tagungsstätte Schloss Ringberg, Ringberg, Germany.

[HZ-O32] Séminaire interne : H. Ziaeepour, B. Gardner, "Simulation of high energy emission from gamma-ray bursts", March. 2011, OPINAS, Max Planck Institute für Extraterrestrische Physik (MPE), Garching, Germany.

[HZ-O33] Séminaire interne : H. Ziaeepour, B. Gardner, "Modelling and simulation of Gamma Ray Bursts", Dec. 2010, High Energy Group, Max Planck Institute für Extraterrestrische Physik (MPE), Garching, Germany.

[HZ-O34] Séminaire interne : H. Ziaeepour, B. Gardner, "Effect of central engine magnetic field on the prompt emission of Gamma Ray Burst", Max Planck Institute für Extraterrestrische Physik (MPE), Garching, Germany.

[HZ-O35] Séminaire interne : H. Ziaeepour, "Making dark energy", Feb. 2010, OPINAS, Max Planck Institute für Extraterrestrische Physik (MPE), Garching, Germany.

[HZ-O36] Séminaire interne : H. Ziaeepour, "Back-reaction of Inhomogeneities Cannot Be The Dark Energy !", Nov. 2009, OPINAS, Max Planck Institute für Extraterrestrische Physik (MPE), Garching, Germany.

[HZ-O37] Séminaire externe : H. Ziaeepour, "Dark energy : Models and Measurements", June 2009, Max-Planck Institut f ur Extraterrestrische Physik (MPE), Garching, Germany.

[HZ-O38] Séminaire externe diffusée via internet : H. Ziaeepour, "Dark Energy : Theories and Measurements", May 2009, Virtual Astronomy Institute (VIA), Astro-Particle Center (APC), Paris, France VIA.

[HZ-O39] Séminaire interne : J. Thomas, D. Waters, H. Ziaeepour, "Detection of diffuse (anti)neutrinos and proposition of a 1 M-tonne large modular water Cerenkov detector", Jan. 2009, University College London, London, UK.

[HZ-O40] Séminaire interne (science populaire) : "The Planck Satellite and the Cosmic Microwave Background", March 2009, Mullard Space Science Laboratory (MSSL), University College London, Holmbury St. Mary, Surrey, UK.

[HZ-O41] Atelier : H. Ziaeepour, "Mutual implications of LHC and cosmological observations for pin-pointing the nature of dark matter", in "London Cosmology Discussion Meeting (LCDM)", Jan. 2008, University College London, London, UK.

[HZ-O42] Atelier : H. Ziaeepour, "Non-parametric Determination of the Evolution of the Dark Energy", in "UK Cosmology meeting", March, 2007, University of Nottingham, UK.

[HZ-O43] Séminaire interne (science populaire) : "Mystery of Dark Energy", Nov. 2006, Mullard Space Science Laboratory (MSSL), University College London, Holmbury St. Mary, Surrey, UK.

[HZ-O44] Atelier : H. Ziaeepour, "Physics of an Interacting Dark Energy", in "UK Cosmology meeting", August, 2006, Ambleside, Cambria, UK.

[HZ-O45] S'eminaire invité : "Introduction to String Theory", Oct. 2004, St. Paul Girls School, Hammersmith, London, UK.

[HZ-O46] Séminaire interne : "Invading the Dark Side : Cosmological Constant (Dark Energy) and Its Origin", Oct. 2003, Mullard Space Science Laboratory (MSSL), University College London, Holmbury St. Mary, Surrey, UK.

[HZ-O47] Séminaire interne : H. Ziaeepour, "Comments on Dynamical Mass in Particle Physics", Jan. 2003, Mullard Space Science Laboratory (MSSL), University College London, Holmbury St. Mary, Surrey, UK.

[HZ-O48] Séminaire externe : H. Ziaeepour, "Phenomenology and Cosmological Tests of Brane Models", Nov. 2002, Dep. Theoretical physics, Oxford University, Oxford, UK.

[HZ-O49] Séminaire externe : H. Ziaeepour, "Simulation of Ultra High Energy Cosmic Rays in top-down models", Oct. (1999), Dep. de Physique et Astronomie, Université de Savoie, Annecy, France.

4.5 Posters

[HZ-P1] H. Ziaeepour, "Quantum Gravity - or Maybe Gravity is Inherently Quantic !", in "Quantum Meets Gravity and Metrology" conference, 4-8 June 2012, Bad Honnef, Germany.

[HZ-P2] H. Ziaeepour, "Discrimination between cosmological constant, quintessence, and modified gravity", in "Germany-UK National Astronomical Meeting", March 2012, Manchester, UK.

[HZ-P3] H. Ziaeepour and the HETDEX Collaboration, "Constraining Early and Scaling Dark Energy Models", in "American Astronomical Society (AAS)", Conference, Jan. 2012, Austin, Texas, USA.

[HZ-P4] H. Ziaeepour, "Mystery of Dark Energy", in "Garching Science Openday", Oct. 2011, Max Planck Institute für Extraterrestrische Physik (MPE), Garching, Germany.

[HZ-P5] H. Ziaeepour, "Discriminating between dark energy models with Euclid", in "Euclid Consortium meeting", Sep. 2011, University of Bologna, Bologna, Italy.

[HZ-P6] H. Ziaeepour, "Condensation of dark energy", Feb 2010, Max Planck Institute für Extraterrestrische Physik (MPE), Garching, Germany (for internal use).

[HZ-P7] H. Ziaeepour, "Coherent states at cosmological distances : Making a dark energy", in "Quantum Coherence and Decoherence" Workshop, Sep. 2010, Benasque, Spain.

[HZ-P8] H. Ziaeepour, "The role of dark mater in the condensation of dark energy", in "Cosmo09" conference, Sep. 2009, CERN, Switzerland.

[HZ-P9] H. Ziaeepour, "Jets as repeaters for cosmic rays", in "Tango in Paris" conference, May 2009, Institut d'Astrophysique de Paris, Paris, France.

[HZ-P10] H. Ziaeepour, "Extracting the equation of state of dark energy from SN, LSS, and CMB data", in "Joint European-National Astronomy Meeting (JENAM09)", 20 – 23rd Apri, 2009, Hertfordshire, UK.

[HZ-P11] H. Ziaeepour, "Formation and Characteristics of Gamma-Ray Bursts", in "Joint European-National Astronomy Meeting (JENAM09)", 20 – 23rd Apri, 2009, Hertfordshire, UK.

[HZ-P12] H. Ziaeepour, "Cooking Gamma-Ray Bursts : Details of Ingredients", in "High Energy Universe" workshop, Dec. 2008, Royal Astronomical Society (RAS), London, UK.

[HZ-P13] H. Ziaeepour and S. Rosen, "Statistical Identification and Properties of the XMM-Newton AGNs", in "Active Galactic Nuclei" workshop, Feb. 2004, Royal Astronomical Society (RAS), London, UK.

[HZ-P14] S. Rosen and H. Ziaeepour, "Statistical Identification of XMM-Newton Sources Using XID Database", in "X-Ray Surveys in the light of the new observatories (X02)" conference, 4-6, Sep. 2002, Instituto de Fisica de Cantabria, Santander, Spain.

[HZ-P15] H. Ziaeepour, "Quintessence From a Decaying Dark Matter", in "Theory 2002" Conference, July 2002, UNESCO, Paris, France.

[HZ-P16] H. Ziaeepour, "Cosmological Test of Brane Models", in "Astronomy, Cosmology and Fundamental Physics", ESO, CERN, ESA symposium, 4-7 March 2002, Garching, Germany.

Oui, je veux morebooks!

I want morebooks!

Buy your books fast and straightforward online - at one of the world's fastest growing online book stores! Environmentally sound due to Print-on-Demand technologies.

Buy your books online at
www.get-morebooks.com

Achetez vos livres en ligne, vite et bien, sur l'une des librairies en ligne les plus performantes au monde!
En protégeant nos ressources et notre environnement grâce à l'impression à la demande.

La librairie en ligne pour acheter plus vite
www.morebooks.fr

SIA OmniScriptum Publishing
Brivibas gatve 1 97
LV-103 9 Riga, Latvia
Telefax: +371 68620455

info@omniscriptum.com
www.omniscriptum.com

Printed by Books on Demand GmbH, Norderstedt / Germany